这样学 Creo 2.0 模具设计超简单

娄骏彬　编著

U0296515

科学出版社

北京

内 容 简 介

本书共7章，第1~5章分别介绍注塑模具设计的基本概念、设计环境、基本操作方法与流程及相关技术，第6~7章分别介绍浇注系统与冷却系统、模具模架与EMX 8.0。

本书可供模具设计初学者使用，是一本通俗易懂、可操作性强的入门教程，也可作为工科院校机械、模具等专业学生的教材或自学参考书，以及模具技术人员的培训教材。

本书配套光盘中提供了所有案例的模型源文件和模具设计结果文件，以及各章节教学视频资料，供读者学习和参考。

图书在版编目（CIP）数据

这样学Creo 2.0模具设计超简单/娄骏彬编著.—北京：科学出版社，2014.7
　　ISBN 978-7-03-040823-5
　　Ⅰ.这…　Ⅱ.娄…　Ⅲ.模具–计算机辅助设计–应用软件　Ⅳ.TG76–39
　　中国版本图书馆CIP数据核字（2014）第115243号

责任编辑：张莉莉　杨　凯／责任制作：胥娟娟　魏　谨
责任印制：赵德静／封面设计：铭轩堂

北京东方科龙图文有限公司 制作
http://www.okbook.com.cn

科 学 出 版 社 出版
北京东黄城根北街16号
邮政编码：100717
http://www.sciencep.com

北京画中画印刷有限公司 印刷
科学出版社发行　各地新华书店经销

*

2014年7月第 一 版　　开本：787×1092　1/16
2014年7月第一次印刷　　印张：17
印数：1—3 000　　　　　字数：370 000

定价：68.00元

前　言

　　Creo 2.0 是美国参数技术公司（PTC）旗下的 CAD/CAM/CAE 一体化的三维设计软件，以参数化著称，广泛应用于机械、模具、汽车、电子、家电、玩具、工业设计等行业。其中，在塑料模具设计方面，Creo 2.0 提供了完善的设计体系和强大的功能组合，显著提高了塑料模具设计工作效率和设计质量，因而在众多的设计软件中依然独领风骚，主导市场。

　　由于经济的迅速发展，我国模具工业发生了巨大的变化，模具 CAD/CAE/CAM 技术已经得到业界的认可和推广。在日常生活中，小到一个纽扣，大到一架飞机，都离不开模具设计，因此使用一套 3D 模具设计软件已成为模具设计与开发人员不可缺少的工具。但要熟练掌握一套模具设计软件并不是一件容易的事情，那众多的指令与复杂的功能，往往使人不知从何下手，摸不着头绪，到最后有些人干脆放弃了。其实要学习一套软件进行模具设计并没有想象中的那么难，重要的是要找对一本模具设计入门级教程。

　　目前市场上有许多关于 Creo 2.0 模具设计的书籍，其内容在表述上大多是冗长的文字，而且操作步骤复杂。如果没有老师有效地讲解，读者无法通过自己看书学会相关知识。本书融合作者多年来的模具设计实践经验，以简单明了的方式讲解 Creo 2.0 注塑模具设计的方法与技巧。以图片代替文字说明，用简单的方式来描述复杂的设计步骤是本书的特色。相信本书一定能帮助读者更好、更快地学习和掌握 Creo 2.0 模具设计的技巧，使大家早日晋升到模具设计师的行列。

　　全书共分 7 章，各章主要内容如下。

　　第 1 章介绍 Creo 2.0 注塑模具设计的主要流程和设计工作环境。

　　第 2 章结合实例介绍注塑模具设计模型预处理的重要性、基本操作方法与流程。

　　第 3 章结合实例介绍创建模具模型的流程和操作方法。

　　第 4 章介绍分型面的形式与设计原则，实例介绍分型面的创建方法与编辑分型面的方法。

　　第 5 章结合实例介绍在注塑模具设计过程中，创建体积块和模具元件的基本操作方法与流程。主要内容包括：创建体积块的两种重要方式、创建模具元件、完善模具结构，以及创建注塑模型和模具开模仿真。

　　第 6 章结合实例介绍浇注系统的组成及设计方法。介绍冷却系统的作用及设计原则，Creo 2.0 设计模具元件的冷却水道的基本操作方法与流程。

　　第 7 章介绍标准模架结构、标准与分类。重点介绍 Creo 2.0 提供的一个用户插件，即标准模架专家系统 EMX 8.0 的主要操作界面和 EMX 8.0 常用的操作功能。

　　本书适合作为高等院校相关专业师生以及相关专业技术人员学习 Creo 2.0 的教材或自学参考书，可以帮助读者在较短的时间内掌握 Creo 2.0 注塑模具设计技术。

　　本书配套光盘中提供了实例的模型源文件和模具设计结果文件，以及教学视频。书中不足之处，敬请广大读者批评指正。

　　读者在学习模具设计的过程中如果遇到了问题，可以加入工业设计 Pro/E 学习交流 QQ 群 247407338 进行咨询。

学习模具设计的思维导图

❓ 问题 1：绘制思维导图有什么好处？

举一个简单例子，周末大家一起出去玩，到一座公园里比赛爬山，看谁能在最短的时间内登上山顶。上山的路线有好几条，对于第一次爬这座山的人来说，通常会选择一条安全、省时、省力的路线，此时，如果有一张登山路线图该多好啊！

使用 Creo 2.0 软件设计注塑模具可以看作是一个登山的过程。一般的书籍只是通过目录来说明登山的路径，而本书则是绘制出学习 Creo 2.0 软件设计注塑模具的思维导图，思维导图就好比一张登山地图，可以让学习者更加直观地了解学习的过程、步骤和策略。

首先知道目标在哪里，然后充满干劲地向目标奔跑，选择适当的前进策略，就容易很快地到达目的地。

这本书不仅帮助读者掌握使用 Creo 2.0 设计注塑模具的技巧，更加重要的是，帮助读者掌握一种学习方法，在学习的过程中不断思考如何学得快、学得好！

❓ 问题 2：如何绘制使用 Creo 2.0 设计注塑模具的思维导图？

思维导图不是唯一的，笔者在这里提供的思维导图供读者参考，读者可以在此基础上根据实际的情况绘制适合自己学习习惯的思维导图。

下面举例说明，先从一个显示屏上盖的设计模型说起，如图 1 所示。

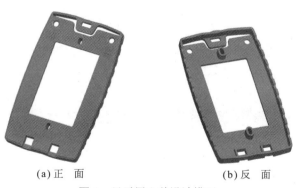

(a) 正　面　　　　　　　　　　　(b) 反　面

图 1　显示屏上盖设计模型

注塑模具设计的核心工作是完成模具成型零件的设计，创建出一个完整的模具模型，然后可以利用 Creo 2.0 的其他模块功能，对模具的流动及填充情况进行分析研究，设计模具模架、生成模具工程图，编制零件的数控加工代码。

这里说的"模具模型"主要指的是塑件的动模和定模。显示屏上盖的动模和定模模型如图 2 所示。模具虽然是由多个模具元件组成，但最核心的部位是成型零件。注塑时，模具装夹在注塑机上，熔融塑料被注入成型模腔内，并在腔内冷却定型，然后上、下模分开，经由顶出系统将制品从模腔顶出离开模具，最后模具再闭合进行下一次注塑，整个注塑过程循环进行。图 3 所示为实际生产过程中一个塑料杯子的模具。

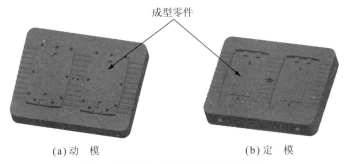

(a) 动 模   (b) 定 模

图 2   显示屏上盖的动模和定模模型

图 3   一个塑料杯子的模具

所以，我们此次的主要设计任务就是创建显示屏上盖的动模和定模模型，如图 4 所示。

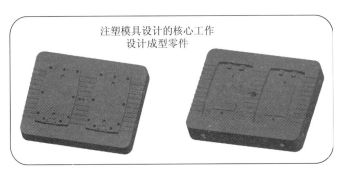

图 4

在开始设计模具之前，我们需要做一些准备工作，如表 1 所示。

下面按照设计流程开始设计显示屏上盖的模具。

第一步，创建显示屏上盖的参考模型，如图 5 所示。

表1　设计前的准备工作及学习方法指南

序　号	准备工作	学习方法指南
1	了解注塑模具一些基本概念和专业名词	虽然基本概念和专业名词都很重要，但是对于初学者想在短时间内消化和吸收是一件比较困难的事情。 对于初学者，建议先大概了解一下基本内容，不用特别背诵记忆，在后续的学习过程中，由于不断地重复，慢慢会掌握的
2	了解注塑模具设计的主要流程	方法同上
3	了解注塑模具设计工作环境，包括工作界面、主要命令等	方法同上。模具设计涉及的命令也比较多，学习这部分内容时，初学者可以大概浏览一下，有一些印象即可，不必死记硬背。在后续的学习中，如果遇到了哪个命令，想学习的时候，可以到前面的章节中寻找。 对于经常使用的模型树，要尽可能多多熟悉
4	熟练掌握鼠标的基本操作方法	鼠标是我们设计者必备的利器，它的重要性等同于在战场士兵手中的枪。初学者要争取在最短的时间内掌握鼠标的基本操作方法
5	新建一个文件夹，专门放置本次设计产生的各种文件	具体到 Creo 2.0 系统，就是设置工作目录
6	模具文件管理	初学者一定要会创建一个新模具文件，会打开一个已有文件，会保存文件等文件的基本操作方法

图5　参考模型

大家发现没有，参考模型跟显示屏上盖的设计模型长得基本一样，像双胞胎似的。实际上，参考模型与设计模型在结构上是一样的，只是因为它们所处的模块不同，名字发生了变化。在零件模块中称为设计模型，在模具模块中称为参考模型。

如图6所示，以月饼和月饼模具为例进行说明。把月饼比作设计模型，把月饼模具比作我们要设计的模具，想一想，月饼模具将按照谁的样子来设计？答案当然是月饼了，所以，月饼放在零件模块中名字叫做"设计模型"，而放在模具模块中，名字就改成了"参考模型"。"参考"两个字的意思可以理解为"照着做"。换句话说，就是把塑料制件（成品）当做模具设计过程中的参考模型，模具模型要参考塑料制件的形状进行设计。

在零件模块里，设计目标是零件，也就是塑件。所以，塑件称为设计模型。

在模具模块里，设计目标是模具，模具是设计的最终产品，而模具是比照塑件设计的，所以，模具设计需要可参考的对象，塑件在模具模块中，称为参考模型。

本书介绍的创建参考模型的方法有两个：装配方式和布局方式。详细方法参见各章节的内容。

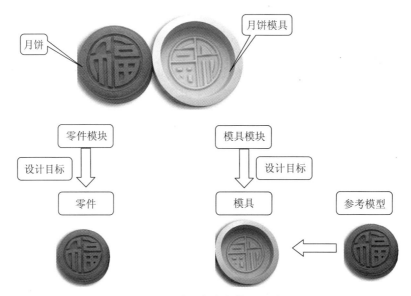

图 6 设计模型与参考模型的关系

　　这里需要注意，参考模型的创建步骤较多，对于初学者来说，应该连续反复地重复操作，直到熟练为止。因为这是模具设计不可缺少的步骤，当参考模型的创建步骤熟练之后，才能轻松地掌握模具设计后续的流程。

　　在学习过程中，对于遇到同样问题出现不同的处置方法时，建议大家仔细思考以下问题：

　　（1）每种方法的优点、缺点分别是什么？

　　（2）在哪种情况下，使用哪一种方法更好？

　　（3）多做一些模具设计实例，在做之前，先想一下，哪种方法更好，然后，再实践，看看想法是否正确。不断重复这个过程。

　　第二步，设置收缩率。收缩率也有两种设置方法，一种是"按比例"方式设置，另一种是"按尺寸"方式设置。

　　第三步，创建工件模型。创建工件模型也有两种方式，即"自动"方式和"手动"方式。读者有没有想过，如果只有一种"自动"方式该多好！但既然有"手动"方式，是不是说明有"自动"方式无法处理的情况，那些"自动"方式无法处理的情况就是读者在学习中要格外注意的地方。

　　工件模型可以假想成一块长方体（或圆柱体）形状的模具钢，它里面包裹着一个或者多个塑件（也就是参考模型）。

　　在工件模型里，还分不出来定模和动模，二者是一个整体。

　　第四步，设计分型面。分型面的设计可是模具设计过程中的重头戏！读者一定要格外重视起来。分型面的形式非常多，这与模具的多样性是一致的。所以，读者在学习过程中，一定要总结不同的情况下使用哪种类型的分型面的设计方案。具体有拉抻方式、填充方式、复制方式、阴影方式、裙边方式等创建方法，修补分型面上破孔可以看作是复制分型面的一种特殊情况。此外，编辑分型面也有几种方法，如重定义分型面、延伸分型面、合并分型面、修剪分型面等方法。

　　对于模具来说，分型面可以简单理解为动模和定模的分开表面。动模和定模之间

参考模型包裹在工件模型里　　　　　　　　　　　工件模型

在工件模型里，还分不出来定模和动模，二者是一个整体

图 7　工件模型

一定要存在分型面，否则塑料制品怎么从二者之间取出来呢？

第五步，利用分型面将工件模型分割为数个模具体积块。模具体积块是从工件模型中产生模具元件的一个中间过程。前面已经说过，可以假想工件模型里面包裹着一个或者多个参考模型，现在要从分型面处把工件模型分成几个部分（除了动模、定模以外，有的模具还有镶件、滑块等部件），这些部分就假想成模具体积块，它们只有体积轮廓，没有质量，就像一个透明人。

创建模具体积块的方法有："分割"方式（创建 1 个体积块，创建 2 个体积块，创建多个体积块）和"直接"方式。对初学者来说，"直接"方式创建体积块为选学内容。

第六步，抽取模具体积块，生成模具元件。因为模具体积块不是实体零件，所以，要通过对体积块的"抽取"操作才能将体积块转换成实体的模具元件。

"抽取"这个词用得很贴切，而且生动。为什么这么说呢？因为工件模型里既包括模具元件，又包括参考模型（也就是塑件，存在于模具元件之间），抽取的意思可以理解为把模具元件从模具体积块中抽取出来。

对于初学者，使用"组装模具元件"和"创建模具元件"方法创建模具元件不作要求。使用"型腔镶块"方法创建模具元件是模具设计中一种常用的方法，初学者需要掌握这种方法。

到了这一步，动模、定模等模具元件已初步形成了，模具设计任务的主要部分已经完成了。

第七步，模具设计的后续工作，包括完善模具结构，创建注塑模型、模拟注塑过程，模拟开模仿真等。

到这里，我们绘制的第一张使用 Creo 2.0 设计注塑模具的思维导图就完成了，如图 8 所示。

❓ 问题 3：如何安排学习时间？

要想学会游泳，必须真正到水里游才行。同样的道理，要想掌握一种软件的使用方法，必须上机演练。而且练习的时间也要有相应的保障，才能确保你在一定的时间之内达到期望的水平。

对于初学者，建议每天的练习时间不少于一个小时。如果想学得快一些，那么练习时间就要成倍地增加。既然想要做好一件事，就一鼓作气地完成！

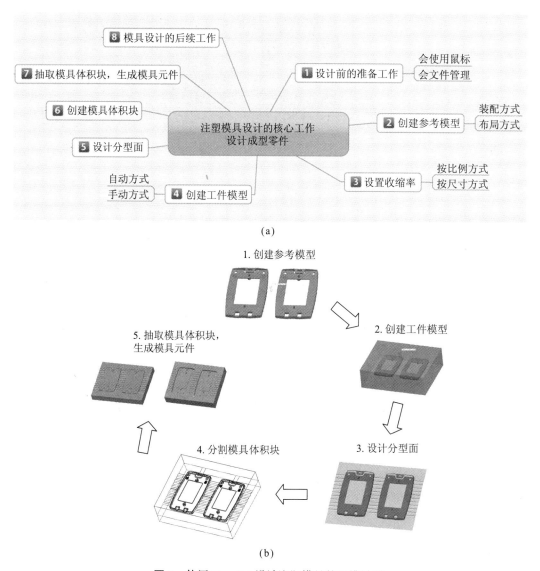

(a)

(b)

图 8 使用 Creo 2.0 设计注塑模具的思维导图

提醒读者一件事情，做完实例之后应立即做总结。也就是说，做完一个实例以后，一定要多问几个为什么。为什么这个实例你选择这个方法来做？还有没有其他的方法？效果怎么样？一定要用笔记下来，而不是做完了就行了。

遇到一个新的实例以后，自己先想一想，这个实例在结构上跟以前做的实例有哪些相同的地方，有哪些不同的地方，相同的地方是否可以用以前使用的方法解决。实在想不出来，再看看老师的分析。这就是所谓的"举一反三"。

做完一个实例以后，记下完成这个实例的时间，等过些日子，你再重新做一次，看看时间有没有缩短。如果时间比以前还延长了，说明你退步了，要努力加油了！

❓ 问题 4：如何将"二八定律"应用在学习软件的过程中?

　　"二八定律"是世界上普遍存在的现象，感兴趣的读者可以查阅相关图书，了解它的全貌。在这里，笔者只是给读者提个醒，"二八定律"在计算机软件学习中也是适用的。

　　我们可以大胆假设，在几十个甚至上百个操作命令中，最重要、最常用的命令也就占其中的 20%，初学者要想事半功倍地掌握一种软件的使用方法，就要把主要精力先放在那些 20% 的部分。一定要学会抓住学习的重点内容。

　　操作界面上的命令按钮虽然很多，但是，你千万不要被它们的数量吓倒了！每个按钮被使用到的频次是不同的。有的命令按钮也许每次设计都要用到，甚至是重复多次使用，比如拉伸命令，而有的命令只有在特定的情况下才会被使用。作为初学者，你首先要掌握的命令就是那些最重要的命令。

　　在模具设计中，分型面的设计是最关键、最重要的一个环节，一定要重视起来！

　　学习 Creo 2.0 设计注塑模具是一个新奇、充满乐趣的旅程，祝大家旅途愉快！

目　录

第1章　Creo 2.0 注塑模具设计概述

第2章　设计模型的预处理

第3章　创建模具模型

第4章　设计分型面

第5章 创建体积块和模具元件

第6章 浇注系统与冷却系统

第7章　模具模架与 EMX 8.0

第1章

Creo 2.0注塑模具设计概述

本章主要介绍 Creo 2.0 注塑模具设计的基本知识，使读者了解注塑模具的基本组成和 Creo 2.0 模具设计术语。在此基础上介绍注塑模具设计的主要流程、工作环境和常用菜单的各种功能，在以后各章节的学习过程中，读者会更加熟悉这些内容。

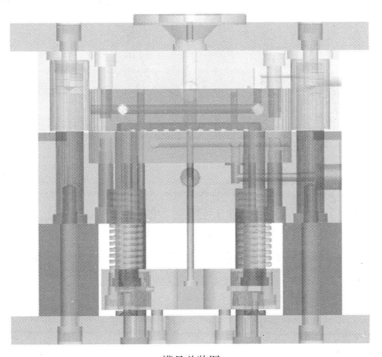

模具总装图

1.1 注塑模具设计的基本知识

塑料注塑成型又称为注射成型，是目前塑料加工中普遍采用的方法之一，主要用于热塑性塑料成型，也用于热固性塑料的成型加工。在日常的生活中可以看到大量塑料制品，例如花盆、衣架、工具箱、鼠标、拖把、豆浆杯等，如图1.1所示，虽然它们的品种非常繁多，但是其生产制作流程基本是相同的。

图1.1 塑料制品

1.1.1 注塑成型的加工原理

注塑成型的加工原理是，将塑料在注塑成型的料筒内加热熔化，在塑料成流动状态时，利用柱塞或螺杆加压，推动并压缩熔融塑料向前移动，进而通过料筒前端的喷嘴以很快的速度注入温度较低的闭合的模具内，经过一定时间的冷却定型后，开启模具获得成型产品。

注塑成型的生产过程如图1.2所示。

1.1.2 注塑模具的基本组成

注塑模具是在注塑机上采用注塑工艺来成型塑件的模具。注塑模具的结构形式

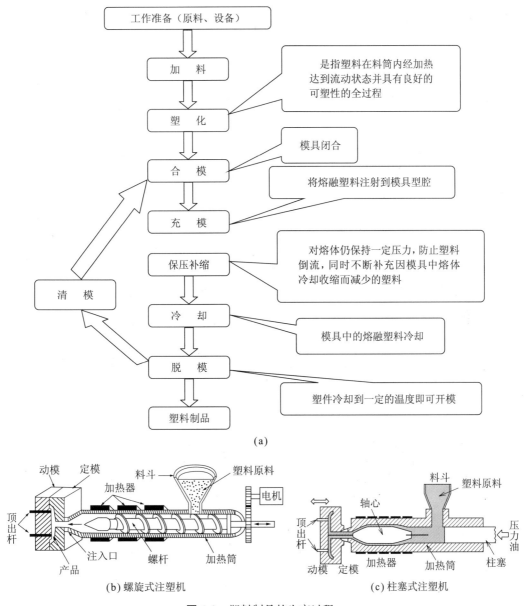

图 1.2 塑料制品的生产过程

很多，但每副注塑模具都是由动模和定模两大部分组成，动模安装在注塑机的移动模板上，定模安装在注塑机的固定模板上。其基本组成包括成型零件、浇注系统、导向机构、推出机构、温度调节系统、排气系统、侧向分型与抽芯机构、支承与紧固件等。

素　　材	模型文件 \ 第 1 章 \ 范例结果文件 \mid.asm
操作视频	操作视频 \ 第 1 章 \1.1.2　注塑模具的基本组成

1. 成型零件

成型零件是与塑料直接接触构成型腔的零件，决定了塑件几何形状和尺寸，由动模、定模等组成，如图 1.3 所示。

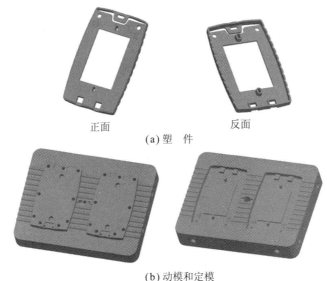

正面　　　　　　　　　反面

(a) 塑　件

(b) 动模和定模

图 1.3　塑件、动模和定模

2. 浇注系统

浇注系统是熔融的塑料从注射机喷嘴进入模具型腔所经的通道，一般由主流道、分流道、浇口及冷料穴组成，起到输送管道的作用。在特殊情况下可以不设分流道或冷料穴，如图 1.4 所示。

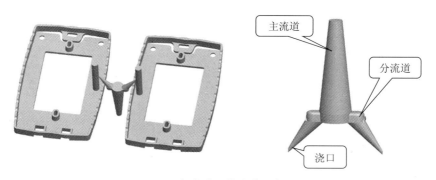

主流道

分流道

浇口

图 1.4　主流道、分流道和浇口

3. 导向机构

合模导向机构由导柱和导套（或导向孔）组成，如图 1.5 所示。导向机构保证动模和定模在合模时准确对合，以保证塑件形状和尺寸的精确度。

4. 推出机构

推出机构是开模时将塑件及浇注系统凝料从模具中推出或拉出的装置，又称顶出机构、脱模机构，如图 1.6 所示。

5. 温度调节系统

为了满足注射工艺对模具的温度要求，模具通常设有冷却或加热系统。冷却系统一般是在模具上开设冷却水道，而加热系统是在模具内部或四周安装加热元件。本例冷却系统如图 1.7 所示。

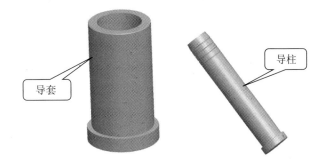

图 1.5 导套和导柱

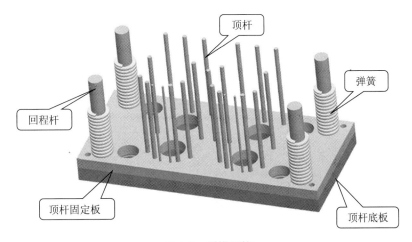

图 1.6 脱模机构

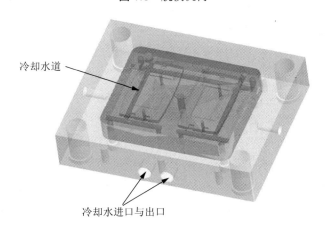

图 1.7 定模冷却系统

6. 排气系统

为了将成形时塑料本身挥发的气体排出模具外，常常在分型面上开设排气槽。对于小塑件的模具，可直接利用分型面或推杆等活动零件与模具的配合间隙排气。

7. 侧向分型与抽芯机构

当塑件上有侧孔或侧凹结构时，开模推出塑件之前，必须进行侧向分型，将侧型芯从塑件中抽出，方能顺利脱模。这种动作过程是由侧向分型与抽芯机构实现的，如图 1.8 所示（素材文件为"模型文件 \ 第 1 章 \ 范例源文件 \ 侧向分型与抽芯机构 \mfg0001.asm"）。

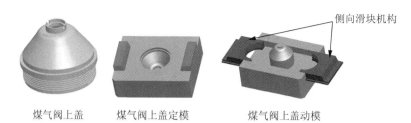

煤气阀上盖　　　　煤气阀上盖定模　　　　煤气阀上盖动模

图 1.8　带有侧向分型与抽芯机构的模具

由于上盖外壁有外螺纹，因此在外壁左、右两边制作了两滑块，在开模时两边滑块先滑出，才能使产品顺利脱模。

8. 支承与紧固件

支承与紧固零部件是用来安装成型零部件，或起定位和限位作用。大部分支承与紧固零部件都有标准件，可以订购。使用 Creo 2.0 设计好的注塑模具结构，如图 1.9 所示（素材文件为"模型文件\第 1 章\范例结果文件\mid.asm"）。

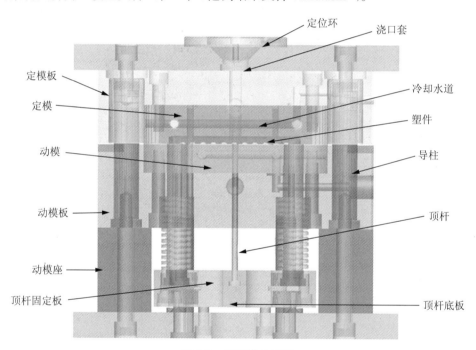

图 1.9　注塑模具结构

1.1.3　Creo 2.0 模具设计术语

素　　材	模型文件\第 1 章\范例源文件\mfg0001.asm
操作视频	操作视频\第 1 章\1.1.3　Creo 2.0 模具设计术语

1. 设计模型

设计模型代表成型后的最终产品，设计模型是设计者自己完成的作品，如图 1.10 所示。设计模型是模具设计的操作基础，它必须是一个零件，在模具中是以参考模型表示。

图 1.10 设计模型

2. 参考模型

参考模型是以放置到模块中的一个或多个设计模型为基础，实际上是被装配到模具模块中的组件。当参考模型加载到模具模块时，模型树显示为组件，如图 1.11 所示。

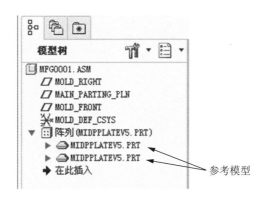

图 1.11 加载参考模型后的模型树

经验交流

参考模型可以这样理解：当设计模型装配到模具模块中时，我们称它为参考模型。设计模型与参考模型在结构上是一样的，只是它们所处的模块不同（在零件模块中称为设计模型，在模具模块中称为参考模型）。

设计模型与参考模型的关系如图 1.12 所示。

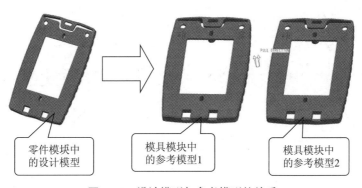

图 1.12 设计模型与参考模型的关系

3. 工件模型

工件模型代表着模具的毛坯，代表直接参与熔融材料成型的模具元件总体积，如图 1.13 所示。

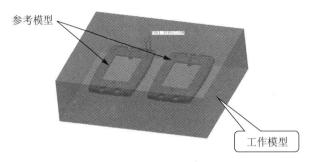

参考模型

工作模型

图 1.13　工件模型

4. 模具体积块

模具体积块是一个占有体积但没有质量的封闭三维特征，具有模具组件特征，如图 1.14 所示。通过对体积块的"抽取"操作可以将模具体积块转换成实体的模具元件。因此模具体积块是从工件模型中产生模具元件的一个中间过程。

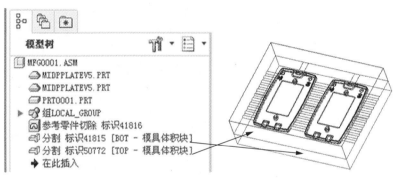

图 1.14　模具体积块

5. 模具元件

模具元件是指模具中的成型零件，如动模、定模等。在 Creo 2.0 中，模具元件通常是通过对模具体积块的"抽取"操作得到的，如图 1.15 所示。

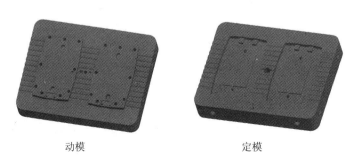

动模　　　　　　　　　　　　　定模

图 1.15　模具元件

1.2　Creo 2.0 注塑模具设计的主要流程

注塑模具设计的核心工作是完成模具成型零件的设计，创建出一个完整的模具模型，然后可以利用 Creo 2.0 的其他模块功能，对模具的流动及填充情况进行分析研究，设计模具模架、生成模具工程图，编制零件的数控加工代码。

下面介绍使用模具模块进行注塑模具设计的主要流程。

进行注塑模具设计首先要有设计模型，设计模型代表着注塑产品。有了设计模型之后，就可以进行注塑模具的设计工作，创建出模具模型，主要流程如下（表 1.1）。

表 1.1　Creo 2.0 注塑模具设计主要流程

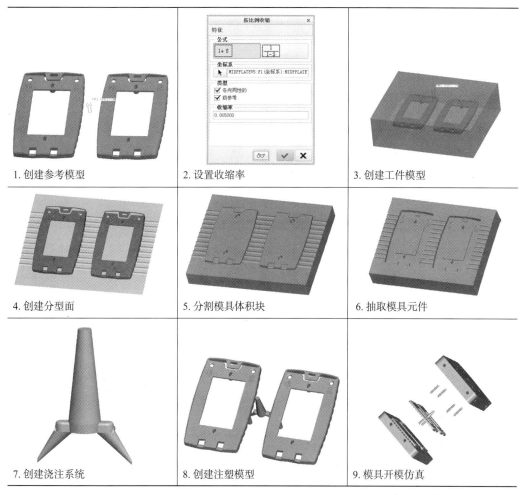

1. 创建参考模型	2. 设置收缩率	3. 创建工件模型
4. 创建分型面	5. 分割模具体积块	6. 抽取模具元件
7. 创建浇注系统	8. 创建注塑模型	9. 模具开模仿真

1. 创建参考模型

设计模具时，首先要创建一个参考模型。参考模型在模具中代表着注塑产品，可以与设计模型是同一个模型，也可以是设计模型的复制品，取决于创建参考模型时的选择。

2. 设置收缩率

设计注塑模具时应当考虑塑料的收缩率并适当地增大参考模型的尺寸。通常在参考模型上设置收缩率，也可以在设计模型上设置收缩率。

3. 创建工件模型

工件模型代表着模具的毛坯，只有简单的形状，如矩形或圆形。工件模型决定了模具的形状和体积，通过后续设计工作，可以从工件模型中分割出不同的模具元件。

4. 创建分型面

模具各个部分之间可以分开的接触表面称为分型面。在 Creo 2.0 中，分型面是一种特殊的曲面或面组，用来分割工件模型或模具体积块，将模具分成若干个部分。

5. 分割模具体积块

模具体积块不是实体模型，是一个三维封闭曲面特征。利用分型面可以将工件模型切割成数个体积块，通过对体积块的"抽取"操作再将模具体积块转换成实体的模具元件，模具的动模、定模等都是从体积块中得来的，因此模具体积块是从工件模型中产生模具元件的一个中间过程。

6. 抽取模具元件

模具元件是指模具中的成型零件，如动模、定模等。在 Creo 2.0 中，模具元件通常是通过对模具体积块的"抽取"操作得到的。抽取操作使模具体积块成为实体的零件，然后可以在零件模块中对模具元件进行编辑和完善。还可以利用绘图模块生成模具元件的工程图，利用制造模块编制模具元件的数控加工代码。

7. 设计浇注和冷却系统

根据模具设计要求，设计合理的浇注系统和冷却系统。

8. 创建注塑模型

铸模操作可以模拟注塑过程生成注塑模型，验证模具设计是否正确。还可以使用塑料顾问模块，利用注塑模型对注塑填充情况进行分析研究，检查浇注系统的合理性。

9. 模具开模仿真

模具开模仿真模拟模具开模过程，检查开模过程中移动零件对静态零件是否产生干涉等问题。

 经验交流

上面的设计步骤并不是一成不变的，一些步骤可以根据设计需要更换次序。例如，可以先设计分型面，然后再创建工件。而且一些步骤不一定必须使用 Creo 2.0 的模具模块完成，也可以使用零件模块或装配模块完成。

1.3　Creo 2.0 注塑模具设计的工作环境

1.3.1　启动 Creo 2.0 程序

双击桌面的"Creo 2.0"程序快捷图标，或从【开始】→【所有程序】菜单中启动 Creo 2.0 程序，进入 Creo 2.0 中文版界面，如图 1.16 所示。

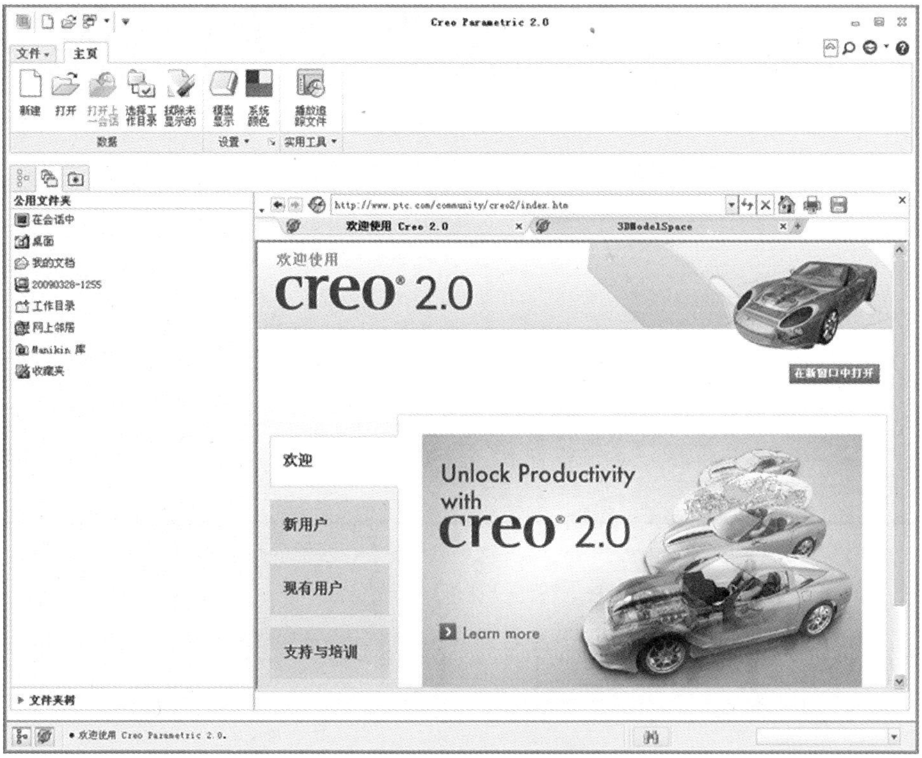

图 1.16　Creo 2.0 中文版界面

1.3.2　设置工作目录

Creo 2.0 有两种工作目录，即永久工作目录和临时工作目录。

1. 设置永久工作目录

永久工作目录用于保存 Creo 2.0 程序运行过程中产生的文件。具体的操作方法如下。

Step01　右击桌面上的 Creo 2.0 程序快捷图标，在打开的快捷菜单中选择【属性】，打开"属性"对话框。

Step02　单击"快捷方式"选项卡，在"起始位置"文本框中输入路径名，单击 确定 按钮，即可完成永久工作目录的设置工作，如图 1.17 所示。

2. 设置临时工作目录

设计模具的过程中会产生多个文件，因此需要建立一个临时工作目录，用于保存和管理这些模具文件。具体的操作方法如下。

Step01　预先创建一个工作目录，通常将设计模型文件也复制到该目录中备用。进入 Creo 2.0 界面后，从"文件"菜单中选择【管理会话】→【选择工作目录】选项，如图 1.18 所示。

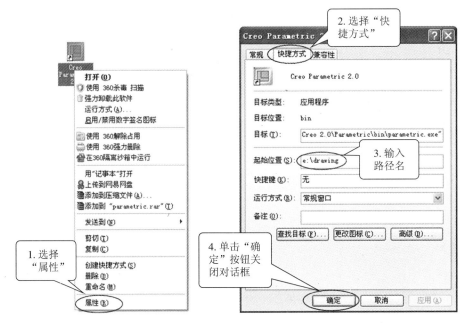

图 1.17　设置永久工作目录

图 1.18　选择设置临时工作目录命令

Step02 打开"选择工作目录"窗口,选择已经创建好的文件夹作为当前工作目录,单击 确定 按钮, 选中的目录则成为当前工作目录, 如图 1.19 所示。

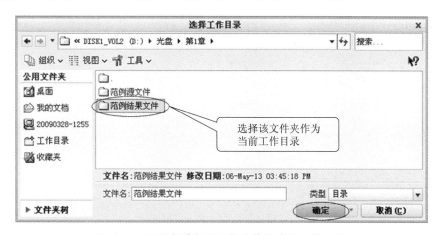

图 1.19 选择创建好的文件夹作为当前工作目录

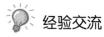 经验交流

如果没有预先创建好工作目录, 可以在"选择工作目录"窗口单击右键, 从快捷菜单中选择【新建文件夹】, 就可以创建一个工作目录, 如图 1.20 所示。

1.3.3　模具设计界面

素　材	模型文件\第 1 章\范例源文件\mfg001.asm
操作视频	操作视频\第 1 章\1.3.3　模具设计界面

创建一个新模具文件, 打开模具设计界面, 如图 1.21 所示。

在模具模块界面中, 主窗口顶部中间显示模具文件名称, 图形窗口显示模具坐标系和表示开模方向的双向箭头。模具坐标系由三个相互垂直的基准平面和一个基准坐标系组成。

 经验交流

Creo 2.0 主窗口上不直接显示模具菜单管理器, 当在模具工具栏选择相应的模具命令时,系统打开相应的菜单管理器(例如选择模具开模命令,打开模具开模菜单管理器),如图 1.22 所示。

模具模块的工作界面包括窗口标题栏、菜单栏、模具工具栏、图形窗口、导航器、信息区、过滤器等区域,其区域主要功能如下。

1. 窗口标题栏

窗口标题栏显示当前活动文件的名称, 如图 1.23 所示。

2. 功能区界面

功能区界面包括文件菜单和各模块工具栏。不同的模块显示的工具栏的内容有所不同。功能区界面如图 1.24 所示。

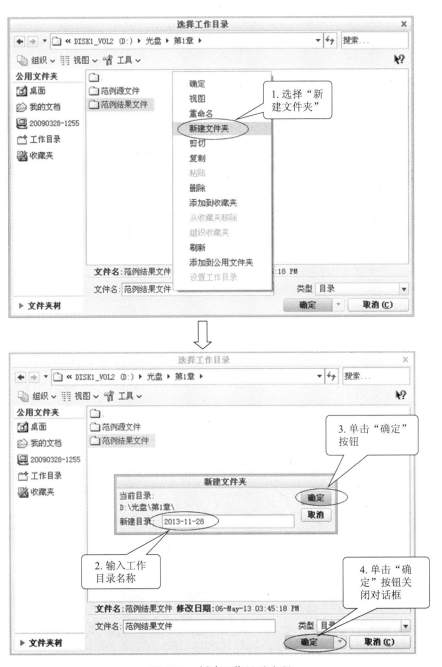

图 1.20　创建工作目录流程

3. 模具工具栏

模具工具栏位于窗口的上部，可以根据需要移动其位置，如图 1.25 所示。

4. 图形窗口

在图形窗口内可以对模型进行相关的操作，如创建、观察、选择和编辑模型等，如图 1.26 所示。

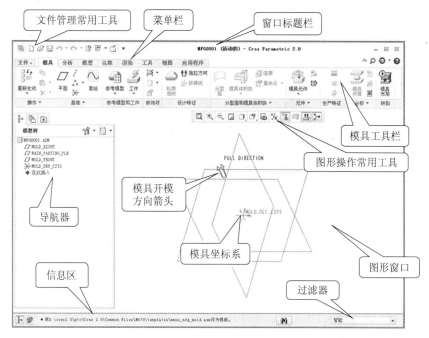

图 1.21　模具模块工作界面

图 1.22　模具开模菜单管理器

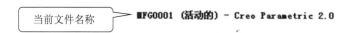

图 1.23　窗口标题栏

图 1.24　功能区界面

图 1.25　模具工具栏

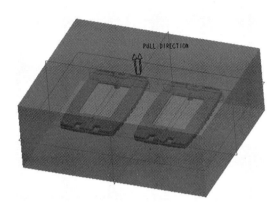

图 1.26　图形窗口

5. 信息区

信息区位于窗口的下部，信息区通过文字显示与当前窗口中操作相关的说明或提示，指导操作过程，如图 1.27 所示。

⇨ 选择垂直曲面、边或顶点，截面将相对于它们进行尺寸标注和约束。
⇨ 确认退出。
● 基本窗口不能关闭。
● 所有没有显示的对象已被删除。
⚠ 装配元件的绝对精度有冲突。请参阅文件 MFG0001.ACC。

图 1.27　信息区

 经验交流

设计过程中应该关注消息区的提示，以方便设计工作。如果要找到先前的信息，将鼠标指针放置到信息区，然后滚动鼠标中键可以滚动消息列表，或者直接拖动信息区框格展开信息区。

6. 操控板

创建或编辑零件的特征时，会出现与当前工作相对应的操控板，信息区指导操作过程。例如，使用"组装参考模型"方式创建参考模型时，系统显示"元件放置"操控板，如图 1.28 所示。

操控板由对话栏、上滑板和控制区组成，各部分的功能如下。

（1）对话栏：激活建模工具时，对话栏显示常用选项和收集器。使用相关选项可以完成相关的建模工作。

（2）上滑板：单击上滑板上任何一个选项卡，可以打开对应的选项卡面板。系统会根据当前建模环境的变化而显示不同的选项卡和面板元素。要关闭面板，单击其选项卡，面板将滑回操控板。

（3）控制区：控制区包含下列按钮。

● ▣ ：指定约束时，在单独窗口中显示元件。

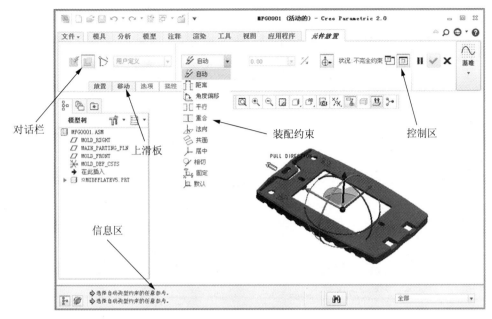

图 1.28 操控板

- 📵：指定约束时，在组件窗口中显示元件。
- **Ⅱ**：暂停当前工具以访问其他对象工具。
- ▶：退出暂停模式，继续使用此工具。
- ☑：应用并保存在特征工具中所做的所有更改，然后关闭操控板。
- ✖：关闭特征工具，而不保存在此工具中所做的任何更改。

7. 过滤器

当设计模型复杂且难以准确选取对象时，Creo 2.0 提供一种对象过滤器，用于在拥挤的区域中限制选取的对象类型，包括智能、特征、几何、基准、面组、注释，如图 1.29 所示。过滤器与预选加亮功能一起使用，将鼠标指针置于模型之上时，对象会加亮显示，表示可供选取。

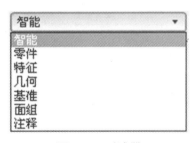

图 1.29 过滤器

- 智能：选取符合当前几何环境的最常见类型项目。
- 零件：选取模具元件或组件中的元件。
- 特征：选取"模型树"中的元件特征。
- 几何：选取图元、特征和参考等。
- 基准：选取模型辅助特征，如基准平面、基准轴、基准点、基准曲线等。
- 面组：选取曲面特征。
- 注释：选取模型或特征中注释。如注解、符号、从动尺寸、参考尺寸、纵坐标从动尺寸、纵坐标参考尺寸、几何公差、表面粗糙度符号等。

8. 导航器

导航器位于窗口左侧，主要以层的形式显示当前模型的结构，记录设计者对当前模型的操作过程，还可以帮助设计者完成创建、修改零件和组件的特征，通过显示或隐藏特征、元件和组件，使绘制界面简单化。

导航器包括"模型树"、"文件夹浏览器"、"收藏夹"3个选项卡和"设置"、"显示"2个按钮。使用"设置"按钮可以添加或编辑"模型树"列内容。使用"显示"按钮可以在"模型树"选项卡和"层树"选项卡之间切换。

"模型树"选项卡如图 1.30 所示，"层树"选项卡如图 1.31 所示。

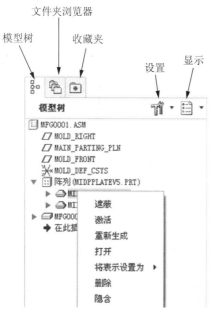

图 1.30 "模型树"选项卡

图 1.31 "层树"选项卡

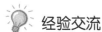 经验交流

"模型树"是一个包括零件文件中所有特征的列表，包括基准和坐标系。"模型树"窗格中会在根目录显示零件文件名称，并显示出零件中的每个特征。对于组件文件，"模型树"窗格中会在根目录显示组件文件，并显示出所包含的零件文件。

1.4 模具文件管理

1.4.1 创建文件

单击窗口工具栏的【新建】按钮 ，或者从"文件"菜单中选择【新建】，进入"新建"对话框，如图 1.32 所示。在【类型】栏中选择【制造】，在【子类型】栏中选择【模具型腔】，该选项对应于注塑模具设计模块。在【名称】框中输入新的文件名（文件名不能为中文），或者接受默认文件名，如"mfg0001"或"mfg0002"等。除去【使用默认模板】项的勾选，因为其对应于英制模板，单击 按钮进入"新文件选项"对话框，如图 1.33 所示。

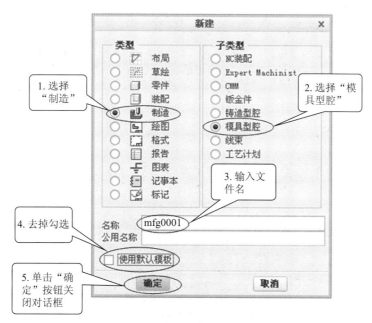

图 1.32 "新建"对话框

图 1.33 "新文件选项"对话框

【模板】栏中有三个选项,"空"表示不使用模板。"inlbs_mfg_mold"表示使用英制单位模板(英寸/磅/秒),"mmns_mfg_mold"表示使用公制单位模板(毫米/牛顿/秒)。通常选用公制单位模板"mmns_mfg_mold"。然后单击 确定 按钮关闭对话框,进入模具模块工作界面。

1.4.2 保存文件

素 材	模型文件 \ 第 1 章 \ 范例源文件 \mfg001.asm
操作视频	操作视频 \ 第 1 章 \1.4.2 保存文件

保存文件是将当前工作窗口中的文件以原文件名保存在当前工作目录中。要保存文件，单击工具栏的【保存】按钮 ，或选择"文件"菜单 选项，如图 1.34 所示。

(a) 保存文件方法一

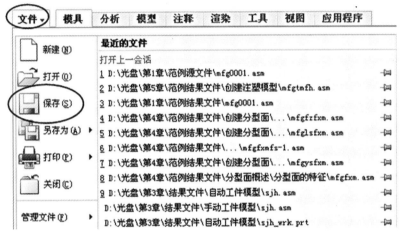

(b) 保存文件方法二

图 1.34 保存文件

 经验交流

与其他软件不同的是，每次保存文件时，Creo 2.0 都会创建一个同名的新版本文件保存在硬盘上，不会覆盖原来的文件。要养成及时保存文件的习惯，以保护设计成果，避免前功尽弃。

1.4.3 保存副本

保存副本是将当前文件以新的文件名保存在选定的目录中。要保存副本，从"文件"菜单中选择【另存为】→【保存副本】选项，如图 1.35 所示。

素 材	模型文件 \ 第 1 章 \ 范例源文件 \ midpplatev5.prt
完成效果	模型文件 \ 第 1 章 \ 范例源文件 \ 保存副本 \001.prt
操作视频	操作视频 \ 第 1 章 \1.4.3 保存副本

保存文件可以更换文件名，但是文件名不能为中文，也不能与要保存的模型文件同名。此选项可将当前文件保存为其他格式的文件，如 IGES、STEP 等类型文件。

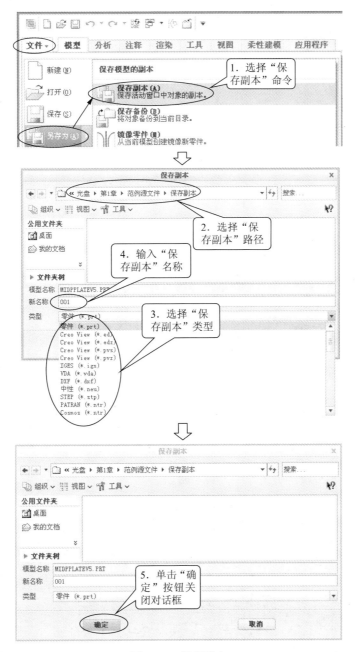

图 1.35 保存副本

1.4.4 备份文件

备份是将当前文件以原文件名保存在选定的工作目录中。要备份文件，从"文件"菜单中选择【另存为】→【保存备份】选项，可以将当前文件保存到其他目录中，如图 1.36 所示。

素　　材	模型文件\第 1 章\范例源文件\保存副本\001.prt
完成效果	模型文件\第 1 章\范例源文件\备份文件\001.prt
操作视频	操作视频\第 1 章\1.4.4　备份文件

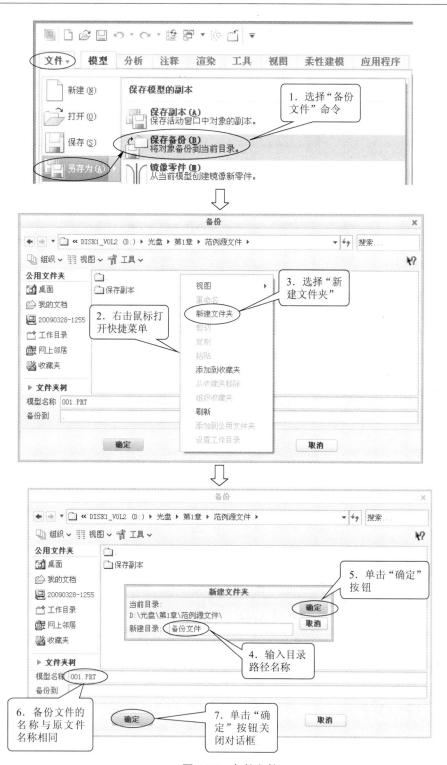

图 1.36 备份文件

经验交流

备份文件与保存副本的区别是：备份文件只能将文件保存为当前格式，而保存副本不仅可以将文件保存为当前格式，而且可以将文件保存为其他格式。

1.4.5 拭除文件

拭除文件包括两种方式，分别是拭除当前文件和拭除未显示的文件。

拭除当前文件是从会话中移除活动窗口中的对象，关闭当前文件。方法是选择【文件】→【管理会话】→【拭除当前】选项，如图 1.37 所示。

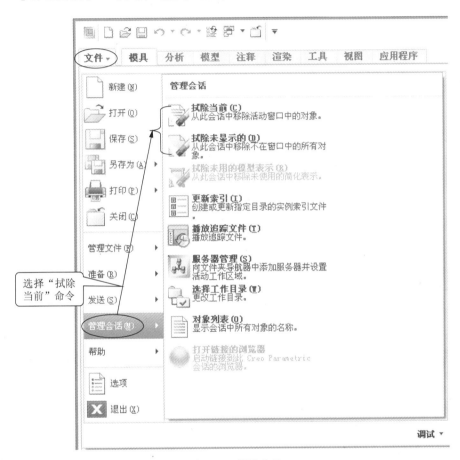

图 1.37 拭除文件

拭除不显示文件是从会话中移除所有不在窗口中的对象，但不会关闭当前文件。方法是选择【文件】→【管理会话】→【拭除未显示的】选项，如图 1.37 所示。根据需要及时拭除未显示的对象可以避免干扰。

素 材	模型文件 \ 第 1 章 \ 范例源文件 \mfg0001.asm
操作视频	操作视频 \ 第 1 章 \1.4.5 拭除文件

1.4.6 删除文件

删除文件包括两种方式，分别是删除旧版本和删除所有版本。

删除旧版本：每次保存文件时，Creo 2.0 会在内存中创建一个新版本文件，并将上一版本写入磁盘中。方法是选择【文件】→【管理文件】→【删除旧版本】选项，如图 1.38 所示。是从磁盘中删除所有的旧版本，Creo 2.0 仅保留最新版本。

　　删除所有版本是将当前文件从硬盘中删除。方法是选择【文件】→【管理文件】→【删除所有版本】选项，将从磁盘中删除当前文件的所有版本，如图 1.38 所示。（注意：该命令要慎用！）

素　　材	模型文件 \ 第 1 章 \ 范例源文件 \ 删除文件 \002.prt
操作视频	操作视频 \ 第 1 章 \1.4.6　删除文件

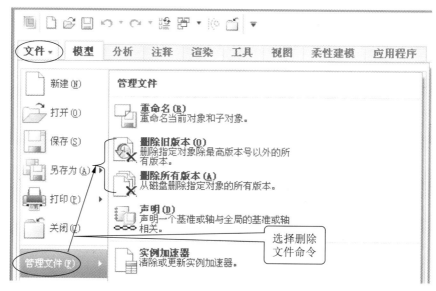

图 1.38　删除文件

1.5　模具设计工具栏

　　模具设计工具栏如图 1.39 所示，这些命令都是设计者在进行模具设计时常用的命令。工具栏中按钮的排列顺序大致就是模具设计的基本流程。工具栏通常以水平位置放置，位于窗口的上部。

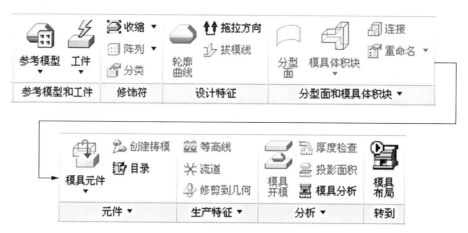

图 1.39　模具设计工具栏

1. 模具设计工具栏的功能简介

模具工具栏的按钮图标、按钮名称以及相应的功能如表 1.2 所示。

表 1.2　模具设计工具栏的功能

按钮图标	按钮名称	按钮功能
	定位参考模型	选择或定义零件在模具中的放置和方向
	按比例收缩 / 按尺寸收缩	设置参考模型的收缩率
	自动工件	使用"自动"方式创建工件模型
	轮廓曲线	创建轮廓曲线特征
	分型面	使用分型面工具创建分型面
	模具体积块 / 体积块分割	创建或编辑模具体积块 / 分割为新的模具体积块
	型腔镶块	从模具体积块抽取模具元件
	创建铸模	创建模具型腔装配的制模
	修剪到几何	按曲面修剪零件
	模具开模	模具开模仿真
	模型布局	转到模具布局界面

2. 与工具栏按钮对应的菜单选项和菜单管理器选项

在使用 Creo 2.0 进行模具设计时，有时候工具栏的按钮与窗口菜单或菜单管理器中的选项命令要配合使用，它们之间存在对应关系如表 1.3 所示。

表 1.3　工具栏按钮与对应的菜单选项

按钮名称	选　项	选取方式
参考模型	【参考模型】→【定位参考模型】→【创建】	模具工具栏→菜单管理器
按比例收缩	【收缩】→【按比例】	模具工具栏
按尺寸收缩	【收缩】→【按尺寸】	模具工具栏→菜单管理器
自动工件	【工件】→【自动工件】	模具工具栏
轮廓曲线	【轮廓曲线】按钮	模具工具栏
分型面	【分型面】→【分型面创建命令】	模具工具栏
模具体积块	【模具体积块】→【体积块分割】	模具工具栏
模具元件	【模具元件】→【型腔镶块】	模具工具栏
创建铸模	【创建铸模】	模具工具栏
修剪到几何	【修剪到几何】→【模具模型类型】→【模具元件】→【裁剪到几何】	模具工具栏→菜单管理器
模具开模	【模具开模】	模具工具栏→菜单管理器
模型布局	【模型布局】	

1.6　模具设计中常用的一个命令——遮蔽和取消遮蔽

素　材	模型文件＼第1章＼范例结果文件＼mfg0001.asm
操作视频	操作视频＼第1章＼1.6　遮蔽与取消遮蔽

为了操作方便，经常需要将某些对象遮蔽起来，以方便操作，因此需要暂时遮蔽不需要的对象，"遮蔽—取消遮蔽"对话框提供了非常方便的功能。

打开mfg001.asm模型文件，单击主窗口的【视图】→【模具显示】按钮 ，或者按（Ctrl+B）键，系统打开"遮蔽—取消遮蔽"对话框，利用该对话框可以方便地遮蔽各个模具元件，对话框中有"遮蔽"和"取消遮蔽"两个选项卡，两个选项卡是可以相互切换的，如图1.40和图1.41所示。

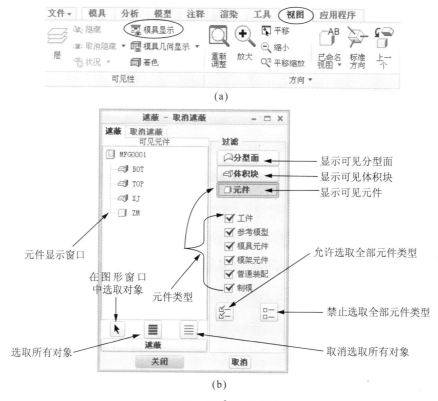

（a）

（b）

图1.40　"遮蔽"选项卡

1."遮蔽"选项卡

"遮蔽"选项卡用于遮蔽对象。在"遮蔽"选项卡中选取对象后，单击下面的【遮蔽】按钮，可以将选取的对象从显示状态改变为不可见状态。

2."取消遮蔽"选项卡

"取消遮蔽"选项卡与"遮蔽"选项卡作用相反，用于取消遮蔽。在"取消遮蔽"选项卡中选取对象后，单击下面的【取消遮蔽】按钮，可以将选取的对象恢复为显示状态。

图 1.41 "取消遮蔽"选项卡

1.7　三键鼠标的使用方法

下面对鼠标的常用功能进行介绍。

素　　材	模型文件 \ 第 1 章 \ 范例源文件 \mfg0001.asm
操作视频	操作视频 \ 第 1 章 \1.7　三键鼠标的使用方法

1. 鼠标左键

用于选择菜单选项、工具栏按钮，选择模型中的对象，确定注释位置等。

2. 鼠标滚轮（中键）

单击鼠标滚轮表示结束或完成当前操作，例如在输入数据后，直接单击鼠标滚轮表示确认，相当于按下 Enter 键。鼠标滚轮还可以用于控制模型的旋转、平移、翻转和缩放模型。

（1）旋转：按住鼠标滚轮移动鼠标，可以旋转模型。

（2）平移：按住鼠标滚轮 + Shift 键，可以平移模型。

（3）翻转：按住鼠标滚轮 + Ctrl 键，水平移动鼠标可以翻转模型。

（4）缩放：按住鼠标滚轮 + Ctrl 键，垂直移动鼠标可以缩放模型，或直接滚动鼠标滚轮也可以缩放模型。

3. 鼠标右键

选中对象（如图形窗口的模型或图元、模型树中的对象等），然后单击鼠标右键可以显示快捷菜单。执行某项操作时，在图形窗口空白处单击鼠标右键，也可以显示相应的快捷菜单。

 思考与练习

1. 简述注塑成型加工原理。

2. 简述注塑模具基本组成。

3. 简述设计模型、参考模型、工件模型、分型面、模具体积块、模具元件等术语的含义。

4. 简述 Creo 2.0 塑料模具设计流程。

5. 简述 Creo 2.0 模具设计工具栏的主要功能。

6. 工作目录分为哪两种？如何设置？

7. 保存文件、保存副本和备份文件有什么区别？

8. 创建一个新模具文件，并练习保存、删除、拭除等命令。

第2章

设计模型的预处理

本章主要内容

- ◆设计模型预处理概述
- ◆设计模型可模塑性
- ◆模型的定位与精度

设计模型是模具设计的基础，由于设计模型来源不同，设计模型并不一定全部都是熟悉模具结构的人员所设计，其结构不一定完全符合模具设计的要求。因此在进入模具设计之前需要对模具的设计模型进行检查和分析，并对不合理之处予以修改，以避免分模失败。

在模具设计之前，先对设计模型进行预处理，这是一个设计者应具备的基本素质。在绘制学习 Creo 2.0 模具设计的思维导图的时候，我们假设了一个前提条件，那就是设计模型可用，把设计流程简化了。实际上，设计模型预处理是一项必需的工作。由于初学者对命令操作比较生疏，所以，本章节可以暂时跳过，待学习了后面的几章内容，再回过头来学习本章节内容，会比较容易理解。

电钻模型

鼠标模型

设计模型预处理概述

在创建模具模型之前，应当先分析和处理设计模型，其目的在于防止由于设计模型存在的缺陷而导致模具设计失败。本节结合"电钻模型"来说明设计模型预处理的重要性，其模型形状如图 2.1 所示。

素　　材	模型文件 \ 第 2 章 \ 范例源文件 \dz.asm
操作视频	操作视频 \ 第 2 章 \2.1　设计模型预处理概述

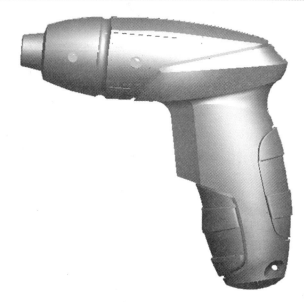

图 2.1　电钻模型

2.1.1　判断设计模型存在缺陷的方法

素　　材	模型文件 \ 第 2 章 \ 范例源文件 \ mfgdz.asm
操作视频	操作视频 \ 第 2 章 \2.1.1　判断设计模型存在缺陷的方法

在 Creo 2.0 中进行模具设计时，出现如下问题，说明设计模型可能存在缺陷。

（1）选用自动工具创建工件时，系统不能正常识别塑件生成最大外包立方体，如图 2.2 所示。

经验交流

当设计模型通过预处理，得到合格的设计模型，选用"自动工件"工具创建工件时，系统能够识别塑件生成最大外包立方体，如图 2.3 所示。示例请参看模型文件"第 2 章 \ 范例结果文件 \mfg0001.asm"。

（2）在线框和消隐模式下查看设计模型，其显示结果相同，如图 2.4 所示。示例请参看模型文件"第 2 章 \ 范例源文件 \dz-y.prt"。

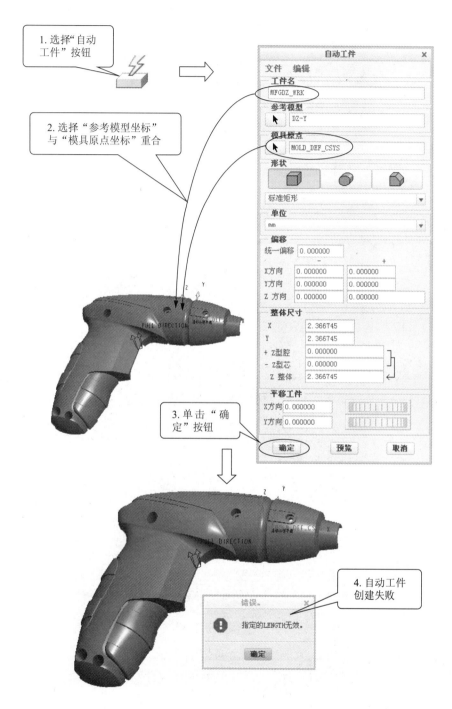

图2.2 设计模型有缺陷，自动工件创建失败

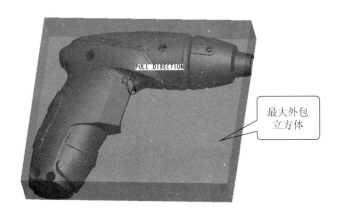

图 2.3　自动工件创建时，系统能够识别塑件生成最大外包立方体

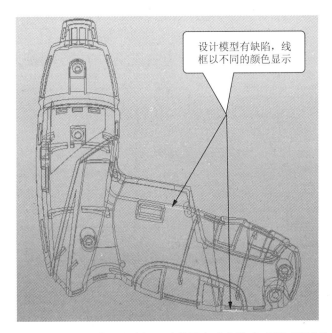

图 2.4　设计模型有缺陷，在线框、隐藏线和消隐模式下的图形显示一致

经验交流

　　当设计模型通过预处理，得到合格的设计模型，在线框和消隐模式下查看设计模型，其显示结果不相同，如图 2.5 所示。示例请参看模型文件"第 2 章 \ 范例结果文件 \dz-yxg.prt"。

　　（3）分割体积块时，系统不能将工件自动减去参考模型。

　　（4）能够成功地创建模具元件，却不能成功地生成注塑模型。

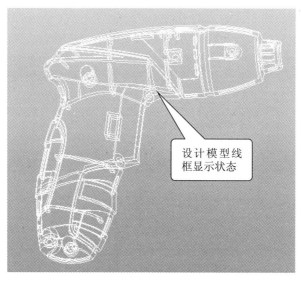

设计模型线框显示状态

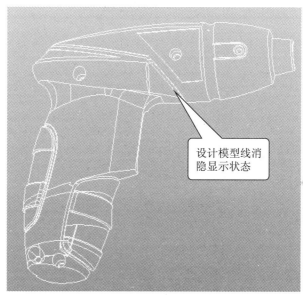

设计模型线消隐显示状态

图 2.5　设计模型合格，线框和消隐模式下的图形显示状态

2.1.2　模具设计失败的原因

素　　材	模型文件 \ 第 2 章 \ 范例源文件 \dz-z.prt
操作视频	操作视频 \ 第 2 章 \2.1.2　模具设计失败的原因

导致 Creo 2.0 模具设计失败的原因很多，常见的有以下几种。

（1）设计模型不是在 Creo 2.0 中创建，文档格式可能为 iges、step 等其他格式，用其他文件格式导入 Creo 2.0 后可能存在破面，如图 2.6 所示。

（2）设计模型不是实体模型，而是曲面模型。Creo 2.0 是实体软件，因此曲面模型要处理成实体模型，才能进行模具设计。

（3）设计模型往往需要一个拔模斜面才能顺利脱模，而设计模型有时可能没有考虑这一问题，导致模具设计失败。

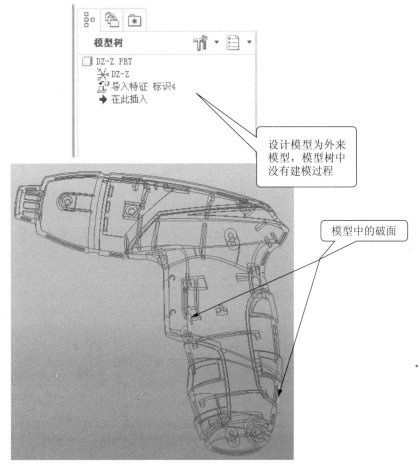

图2.6 设计模型为外来模型

（4）设计模型包含大量与模具设计无关的基准特征，但却缺少一个恰当的分模坐标系。

针对上述问题，用户应尽可能采用在 Creo 2.0 中创建的实体模型作为设计模型，并在创建模具模型之前，预处理设计模型。

2.1.3 模具分析模块

素　　材	模型文件 \ 第 2 章 \ 范例结果文件 \mfg0001.asm
操作视频	操作视频 \ 第 2 章 \2.1.3 模具分析模块

在模具设计模块中，单击菜单栏上的【分析】，系统打开"分析"工具栏，如图2.7所示，模具分析功能主要包括"模具分析"、"厚度检查"、"投影面积"和"分型面检查"等选项。

（1）在菜单栏选择【分析】→【模具分析】，系统打开"模具分析"对话框，如图2.8所示。模具分析选项检测项目如下。

【等高线】：通常称为冷却水道，用于检测冷却水道是否合理，具体操作将在后面的章节中介绍。

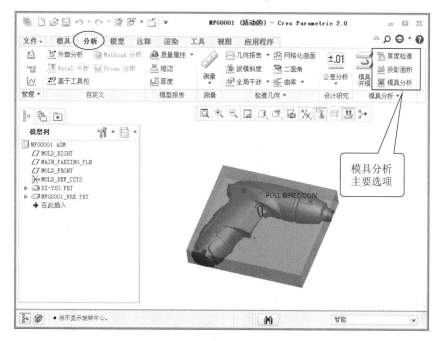

图 2.7　模具分析工具栏

图 2.8　"模具分析"对话框

【拔模检查】：检查参考模型是否正确拔模。

（2）在菜单栏选择【分析】→【厚度检查】，系统打开"模型分析"对话框，如图 2.9 所示。用于检查参考模型厚度是否合理。

（3）在菜单栏选择【分析】→【投影面积】，系统打开"测量"对话框，如图 2.10 所示。用于检查参考模型的投影面积。

图 2.9　"模型分析"对话框

图 2.10　"测量"对话框

图 2.11　"零件曲面检测"菜单管理器

（4）在菜单栏选择【分析】→【 模具分析 ▼ 】→【 ▼ 】→【分型面检查】，系统打开"零件曲面检测"菜单管理器，如图 2.11 所示。分型面检查选项检测项目如下。

【自相交检测】：用于检测分型面是否自身相交。

【轮廓检查】：检查分型面是否存在破孔，当分型面存在破孔时，无法通过轮廓检查。

2.2　设计模型的可模塑性

设计模型的可模塑性表现的是设计模型的结构是否适合模具制造的性质，主要体现在设计模型的壁厚和拔模斜度两个方面。

2.2.1　设计模型的壁厚

素　　材	模型文件 \ 第 2 章 \ 范例源文件 \mouse.asm
操作视频	操作视频 \ 第 2 章 \2.2.1　设计模型的壁厚

　　设计模型的壁厚的设计依据是塑件的使用要求和成型时的工艺性能要求。

　　（1）塑件的使用要求包括塑件的强度、刚度、重量、尺寸的精度和与其他零件的装配关系，如图 2.12 所示。

　　（2）塑件成型时的工艺性能要求包括：塑件对熔体的流动阻力，顶出时的强度和刚度等。在满足工艺性能要求时，尽量减少设计模型的壁厚，保持壁厚均匀，如图 2.13 所示。示例请参看模型文件"第 2 章 \ 范例源文件 \sjgp-1.prt"。

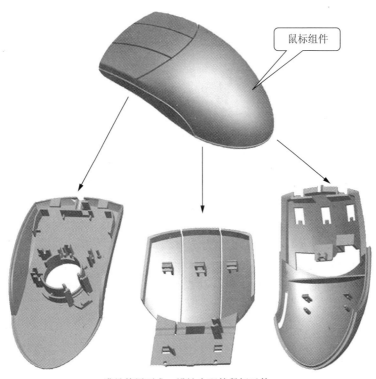

鼠标组件

满足使用要求，设计合理的鼠标元件

图 2.12 鼠标组件与元件

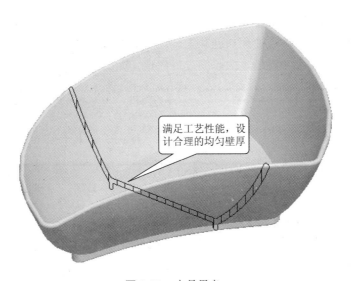

满足工艺性能，设计合理的均匀壁厚

图 2.13 水晶果盘

2.2.2　设计模型的拔模斜度

在模具开模时，为方便脱模，顺利从模具中取出塑件，设计模型与模具开模方向一致的表面需添加拔模斜度。

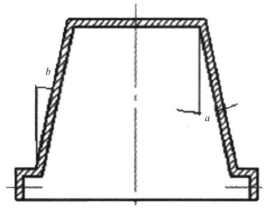

图 2.14　拔模方向

拔模斜度的方向，当拔模为内壁面时，以内壁面的小端为基准，方向由扩大向取得，如图 2.14 所示的角 a；当拔模为外壁面，以外壁面的大端为基准，方向由缩小向取得，如图 2.14 所示的角 b。

💡 经验交流

拔模是 Creo 2.0 提供的一个工程特征。创建拔模斜度时应遵循以下几项原则。

（1）拔模斜度是用于完成设计并使其具有可开模的性能，因此它是最后的特征，位于特征列表的最后。

（2）当设计模型具有圆角特征时，先添加拔模特征，再添加圆角特征。

（3）当设计模型具有壳特征时，先添加拔模特征，再添加壳特征，这样拔模特征会加在壳的内、外两侧，否则拔模特征只能加在壳的外侧，导致设计模型内壁没有拔模特征。

（4）当拔模失败时，可以先用一个较小的拔模角，例如 0.5°~1°，然后修改拔模角的数值并检查生成拔模失败的位置。

2.3　设计模型的厚度检查

设计模型加载到模具模块中，我们把它称为参考模型。在模具模块中，为快速检测设计模型的厚度是否满足使用功能和工艺性能的要求，Creo 2.0 提供了专门的模具分析模块对设计模型（参考模型）的厚度进行检查，如图 2.15 所示。

图 2.15　厚度检查模块

💡 经验交流

Creo 2.0 对设计模型（参考模型）的厚度进行检查，将参考模型的某些区域与用户设定的最大和最小厚度值进行比较，横截面内大于最大壁厚的区域以红色剖面线显示、小于设定最小壁厚的区域以天蓝色显示。

2.3.1 设置平面检查模型的厚度

素　　材	模型文件\第 2 章\范例结果文件\mfg0002.asm
操作视频	操作视频\第 2 章\2.3.1　设置平面检查模型的厚度

打开模型文件"mfg0002.asm"。

在模具模块模式下，从菜单栏选择【分析】→【厚度检查】，系统打开"模型分析"对话框，选择设置厚度检查方式为"平面"，如图 2.16 所示。

设置平面检查模型厚度的结果如图 2.17 所示。

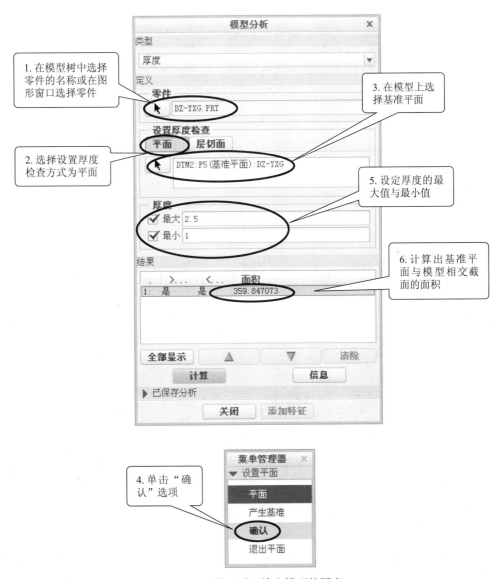

图 2.16　设置平面检查模型的厚度

39

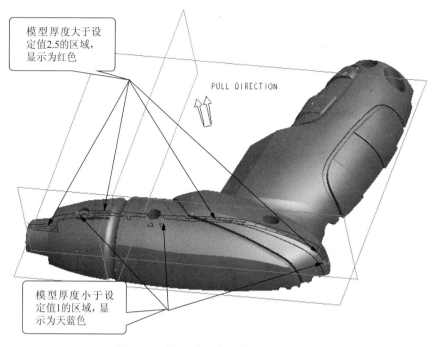

模型厚度大于设定值2.5的区域，显示为红色

PULL DIRECTION

模型厚度小于设定值1的区域，显示为天蓝色

图 2.17　设置平面检查模型厚度的结果

2.3.2　设置层切面检查模型的厚度

素　　材	模型文件 \ 第 2 章 \ 范例结果文件 \mfg0002.asm
操作视频	操作视频 \ 第 2 章 \2.3.2　设置层切面检查模型的厚度

打开模型文件"mfg0002.asm"。

在模具模块模式下，从菜单栏选择【分析】→【厚度检查】，系统打开"模型分析"对话框，从"模型分析"对话框中选择设置厚度检查方式为"层切面"。其操作流程如图 2.18 所示。

设置层切面检查模型厚度的结果如图 2.19 所示。

2.4　设计模型的拔模检测

在塑料件、金属铸造件和锻造件中，为了便于加工脱模，通常会在成品与模具型腔之间引入一定的倾斜角，称为"拔模角"或"脱模角"。拔模特征就是为了解决此类问题，将单独曲面或一系列曲面中添加一个介于 -30°～+30° 之间的拔模角度。可以选择的拔模面有平面或圆柱面。

2.4.1　拔模特征术语

（1）拔模面：要拔模的模型的曲面。

（2）拔模枢轴：曲面围绕其旋转的拔模曲面上的线或曲线（也称为中立曲线）。可通过选取平面（在此情况下拔模曲面围绕它们与此平面的交线旋转）或选取拔模曲面

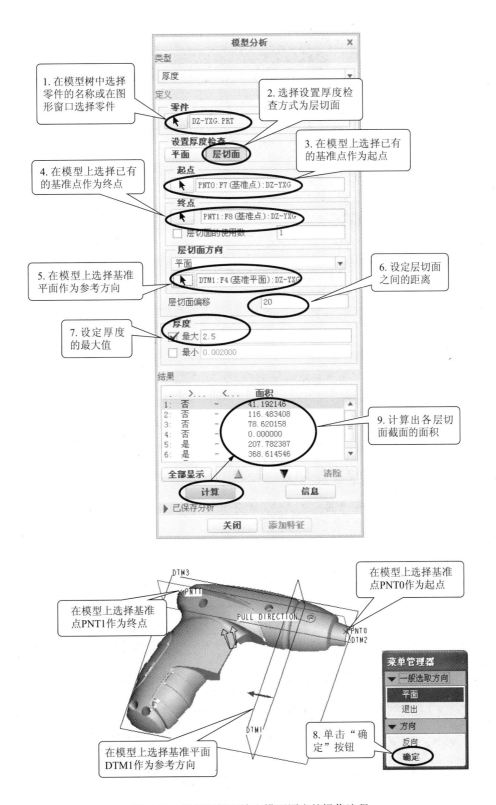

图 2.18 设置层切面检查模型厚度的操作流程

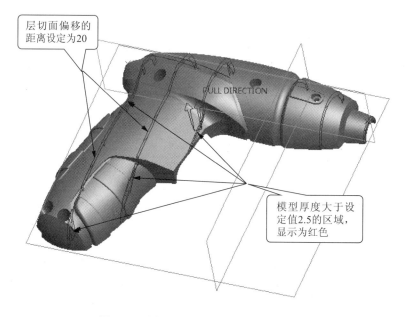

图 2.19　设置层切面检查模型厚度的结果

上的单个曲线链来定义拔模枢轴。

（3）拖拉方向（也称为拔模方向）：用于测量拔模角度的方向。通常为模具开模的方向。可通过选取平面（在这种情况下拖动方向垂直于此平面）、直边、基准轴或坐标系的轴来定义拖拉方向。

（4）拔模角度：拔模方向与生成的拔模曲面之间的角度。如果拔模曲面被分割，则可为拔模曲面的每侧定义两个独立的角度。拔模角度必须在 –30° ～ +30° 范围内。

图 2.20 所示为拔模特征术语图解。

示例请参看模型文件"第 2 章 \ 范例结果文件 \ bamo-1.prt"。

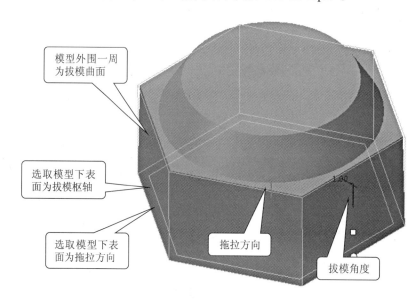

图 2.20　拔模特征术语

2.4.2　创建恒定拔模特征的操作步骤

素　　材	模型文件 \ 第 2 章 \ 范例源文件 \bamo-2.prt
完成效果	模型文件 \ 第 2 章 \ 范例结果文件 \bamo-2.prt
操作视频	操作视频 \ 第 2 章 \2.4.2　创建恒定拔模特征的操作步骤

1. 选择命令

从模型工具栏中单击【拔模】按钮 ，打开"拔模"操控板，如图 2.21 所示。

图 2.21　"拔模"操控板

2. 选取拔模曲面

在"拔模"操控板上选择"参考"上滑板，单击【拔模曲面】下面的列表框，选取要创建拔模特征的两个侧面，如图 2.22 所示。

图 2.22　选举拔模曲面

3. 选取拔模枢轴

在参考面板中单击【拔模枢轴】下面的列表框，选取模型上表面为拔模枢轴，如

图 2.23 所示。

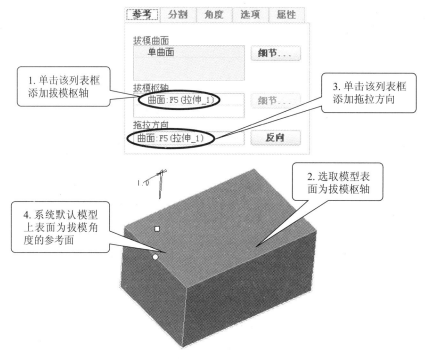

图 2.23　选举拔模枢轴和拖拉方向

4. 确定拖拉方向

系统将拔模枢轴表面作为拔模角度的参考面，如图 2.23 所示。要改变拔模角度的参考，可单击【拖拉方向】下面的列表框，在模型上选择拔模角度参考。

5. 输入拔模角度

在 "拔模" 操控板的列表框中输入拔模角度值 "10"，如图 2.24 所示。

图 2.24　输入拔模角度

6. 完成恒定拔模特征的创建工作

单击操控板的 ✔ 按钮，完成恒定拔模特征的创建工作，实体形状如图 2.25 所示。

2.4.3　创建可变拔模特征的操作步骤

素　　材	模型文件 \ 第 2 章 \ 范例源文件 \bamo-2.prt
完成效果	模型文件 \ 第 2 章 \ 范例结果文件 \bamo-3.prt
操作视频	操作视频 \ 第 2 章 \2.4.3　创建可变拔模特征的操作步骤

图 2.25　创建恒定拔模特征的模型

1. 选择命令

从"模型"工具栏中单击【拔模】按钮 ，打开"拔模"操控板，如图 2.26 所示。

2. 选取拔模曲面

在"拔模"操控板上选择"参考"上滑板，单击【拔模曲面】下面的列表框，选取要创建拔模特征的一个侧面，如图 2.27 所示。

图 2.26　"拔模"操控板

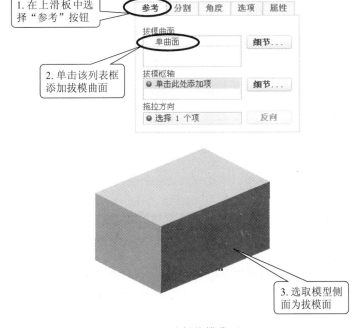

图 2.27　选择拔模曲面

3. 选取拔模枢轴

在参考面板中单击【拔模枢轴】下面的列表框，选取模型上表面为拔模枢轴，如图 2.28 所示。

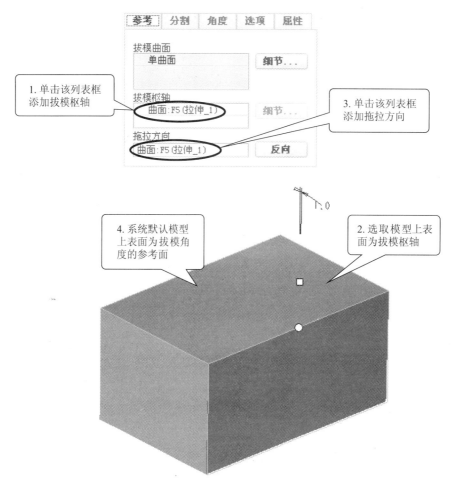

图 2.28　选举拔模枢轴和拖拉方向

4. 确定拖拉方向

系统将拔模枢轴表面作为拔模角度的参考面，如图 2.28 所示。要改变拔模角度的参考，可单击【拖拉方向】下面的列表框，在模型上选择拔模角度参考。

5. 设置可变拔模角度参数

在"拔模"操控板上选择"角度"上滑板，在"角度"上滑板中单击右键，打开快捷菜单，在快捷菜单中选择【添加角度】，重复操作可添加多个角度，然后修改角度值和位置的长度比例参数，如图 2.29 所示。单击 按钮，可调节拔模角度方向。

6. 完成可变拔模特征的创建工作

单击操控板的 按钮，完成可变拔模特征的创建工作。实体形状如图 2.30 所示。

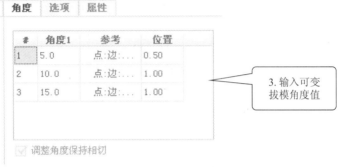

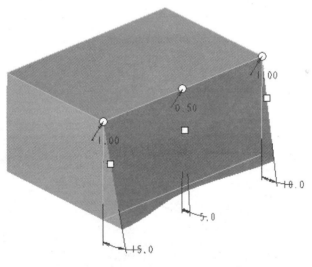

图 2.29

图 2.30 可变拔模特征

2.4.4　拔模特征的检测

素　　材	模型文件 \ 第 2 章 \ 范例源文件 \mfg0002.asm
完成效果	模型文件 \ 第 2 章 \ 范例结果文件 \mfg0002.asm
操作视频	操作视频 \ 第 2 章 \2.4.4　拔模特征的检测

打开文件模型文件"mfg0002.asm"。

从菜单栏选择【分析】→【模具分析】，系统打开"模具分析"对话框，从"模具分析"对话框中选择类型为"拔模检测"。其操作流程如下。

1. 选择要拔模检测的零件和拔模参考

如图 2.31 所示，选择进行拔模检测的零件和拔模参考。

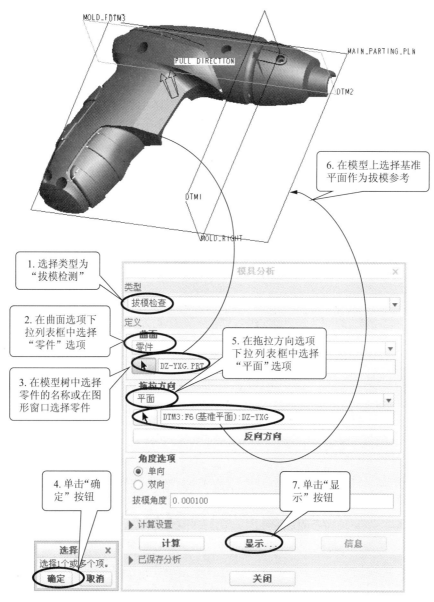

图 2.31　选择要拔模检测的零件和拔模参考

2. 设定拔模检测参数

单击"显示"按钮，打开"拔模检测—显示设置"对话框，用于定义拔模检测的显示方式。其中比例类型包括：线性比例、对数比例和双着色三种。比例类型决定了角度的分配方式。设定拔模检测参数的方法如图 2.32 所示。

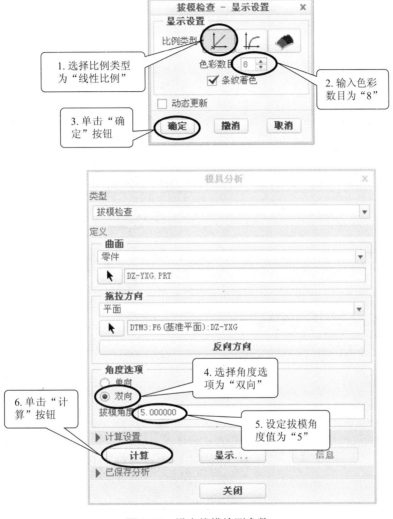

图 2.32　设定拔模检测参数

3. 完成拔模特征的检测工作

单击 计算 按钮，完成拔模特征的检测工作。大于设定拔模角度的任何曲面以洋红色显示，小于设定拔模角度负值的任何曲面以蓝色显示，处于二者之间的所有曲面以代表相应角度的色彩光谱显示，其检测结果如图 2.33 所示。

4. 保存拔模特征分析结果

单击操控板的 ▶ 已保存分析 按钮，可以保存分析结果，其保存分析结果操作过程如图 2.34 所示。

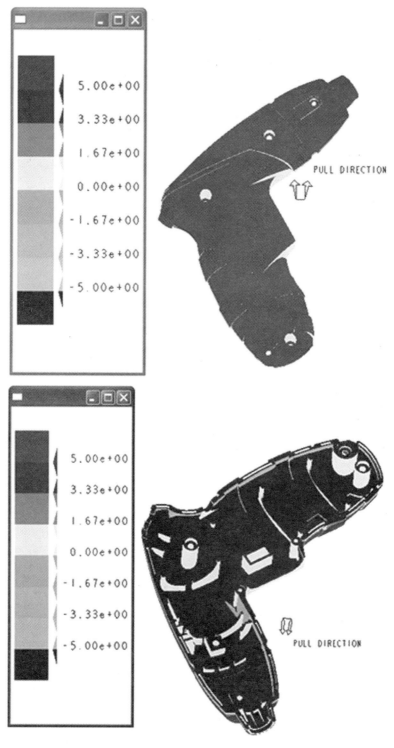

图 2.33　拔模检测结果

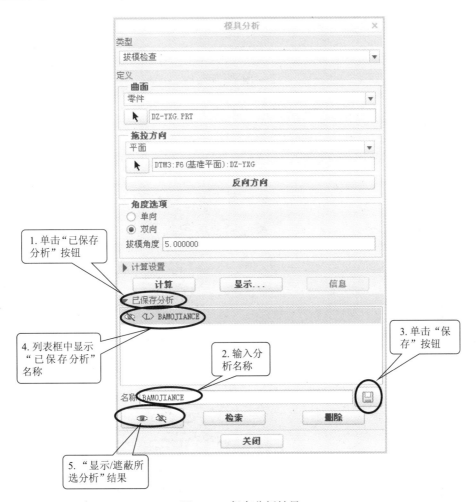

图 2.34 保存分析结果

模型的定位与精度

　　基准特征是 Creo 2.0 建模的参考或基准数据，是构建特征的基础。另外一些由 IGES 或 STEP 等外来文档导入得到的设计模型缺少基准参考，会为后续模具设计带来不便，因此创建模型基准非常重要。

2.5.1 创建外来模型基准

素　　材	模型文件 \ 第 2 章 \ 范例源文件 \dz-z.prt"
完成效果	模型文件 \ 第 2 章 \ 范例结果文件 \ dz-z.prt
操作视频	操作视频 \ 第 2 章 \2.5.1　创建外来模型基准

　　打开模型文件"dz-z.prt"，如图 2.35 所示。

　　从菜单栏选择【基准】→【偏移平面】，如图 2.36 所示。系统打开"在 x 方向中输入偏移值"文本框，接受系统默认的偏移值，如图 2.37 所示。

　　单击 ✓ 按钮关闭文本框，系统打开"在 y 方向中输入偏移值"文本框，接受系统默认的偏移值，如图 2.38 所示。

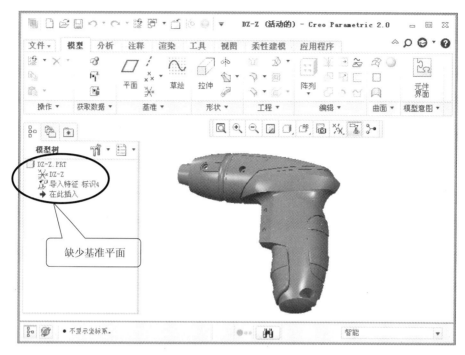

图 2.35　缺少基准的外来模型

图 2.36　选择创建"偏移平面"命令

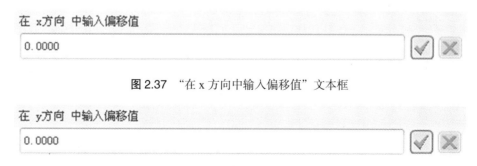

图 2.37　"在 x 方向中输入偏移值"文本框

图 2.38　"在 y 方向中输入偏移值"文本框

单击 ✓ 按钮关闭文本框，系统打开"在 z 方向中输入偏移值"文本框，接受系统默认的偏移值，如图 2.39 所示。

单击 ✓ 按钮关闭文本框，系统为外来模型创建缺省的基准平面 DTM1、DTM2、DTM3 和缺省的基准坐标系 DEFAULT，如图 2.40 所示。

在 z 方向 中输入偏移值

0.0000	✓ ✗

图 2.39 "在 z 方向中输入偏移值"文本框

图 2.40 创建缺省的基准平面和缺省的基准坐标系

2.5.2 创建模型基准的原则

素 材	模型文件 \ 第 2 章 \ 范例结果文件 \ bamo-1.prt
完成效果	模型文件 \ 第 2 章 \ 范例结果文件 \ mfg0003.asm
操作视频	操作视频 \ 第 2 章 \2.5.2 创建模型基准的原则

设计模型加载到模具模型中，需要对其进行定位，为了分模方便，模型基准应遵循以下原则。

（1）设计模型的坐标系应位于模型的几何中心或附近，以方便型腔布局，如图 2.41 所示。

（2）X-Y 平面最好位于模型的分型面上，如图 2.42 所示。结果文件请参看模型文件中"第 2 章 \ 范例结果文件 \ bamo-1.prt"。

（3）Y 轴应指向模具模型的 TOP 方向，Z 轴指向定模的开模方向，如图 2.43 所示。结果文件请参看模型文件中"第 2 章 \ 范例结果文件 \ mfg0003.asm"。

2.5.3 精度匹配

Creo 2.0 系统中的模型有两种精度：相对精度和绝对精度。相对精度是模型的缺省

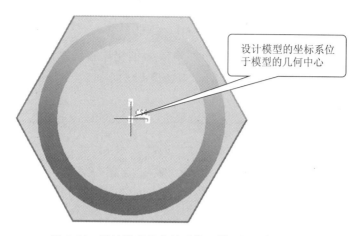

图 2.41 设计模型的坐标系位于模型的几何中心

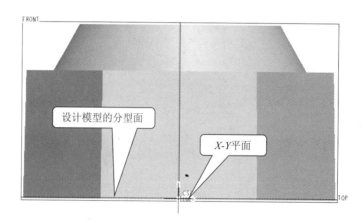

图 2.42 X-Y 平面与模型的分型面重合

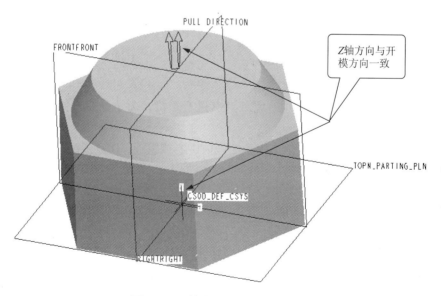

图 2.43 Z 轴方向与开模方向一致

精度，有效范围为 0.0001 ~ 0.01，默认值为 0.0012，使用单位为英寸（in）。

设计模具时，如果存在精度冲突，可能会导致分模失败。存在精度冲突时，可以根据需要使用统一的绝对精度，保证参考模型、工件模型与模具组件的精度相同。

设置绝对精度的方法如下。

在"文件"菜单中选择【选项】，打开"选项"对话框，从"选项"对话框中选择"配置编辑器"选项，查找到变量"enable_absolute_accuracy"，将其值修改为"yes"，如图 2.44 所示。这样以后出现精度冲突时，系统将打开对话框，允许将参考模型、工件模型的精度与模具组件的精度设置成相同。

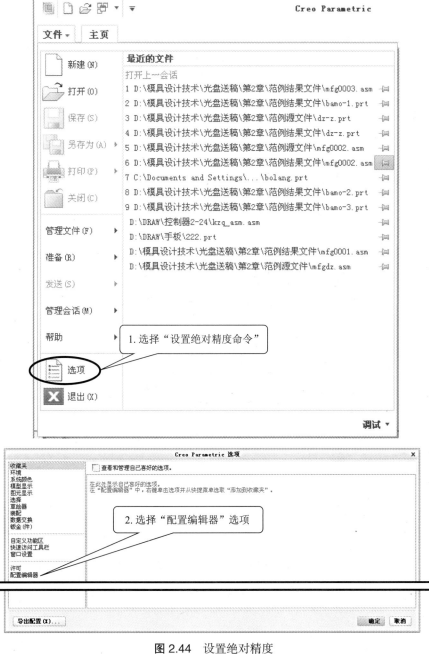

图 2.44 设置绝对精度

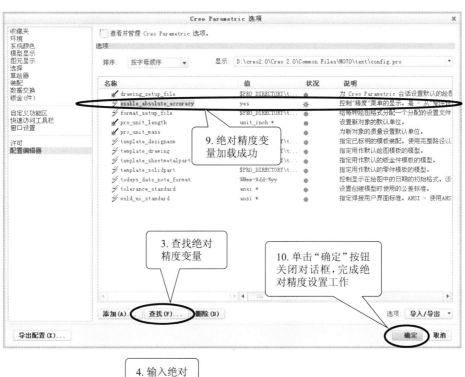

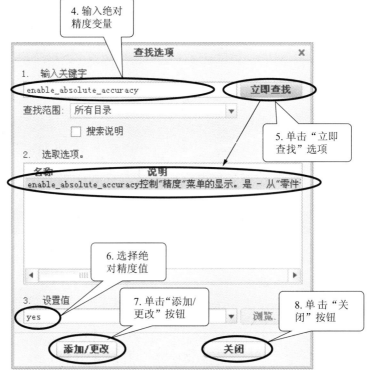

续图 2.44

思考与练习

1. 简述设计模型存在缺陷的原因。
2. 简述模具设计失败的原因。
3. 简述设计模型厚度检查的操作步骤和意义。
4. 简述设计模型拔模检测的操作步骤和意义。
5. 简述创建模型基准的含义。
6. 如何设置绝对精度?

第**3**章
创建模具模型

本章主要内容

◆ 创建模具文件
◆ 创建参考模型
◆ 设置收缩率
◆ 创建工件模型

本章主要结合实例介绍在注塑模具设计过程中，创建模具模型的一般过程。模具模型以组件级文档（*.asm）显示。初学者重点要掌握创建参考模型的两种方法，以及创建工件模型的两种常用方法。

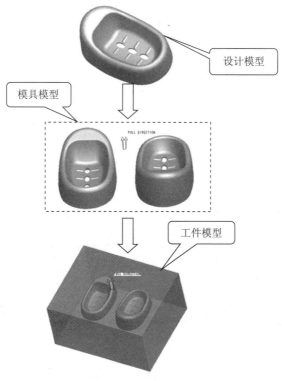

工件模型创建流程

3.1 创建模具文件

创建模具文件是进行模具设计之前的一个准备工作，要开始新的模具设计。

Step01 单击窗口工具栏的【新建】按钮，或者从"文件"菜单中选择【新建】，进入"新建"对话框，在"新建"对话框中选择【制造】→【模具型腔】，输入新的文件名为"sjh"，除去【使用默认模板】项的勾选，单击 确定 按钮进入"新文件选项"对话框，如图 3.1 所示。

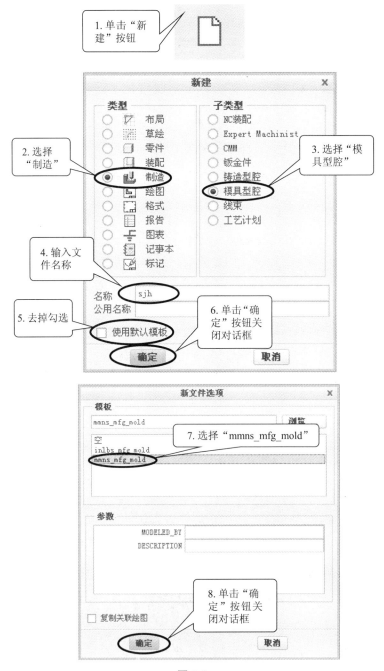

图 3.1

Step02 在"新文件选项"对话框中,选择"mmns_mfg_mold"选项。最后单击 ⬜確定 按钮,完成模具文件的创建工作。进入 Creo 2.0 模具设计界面,如图 3.2 所示。

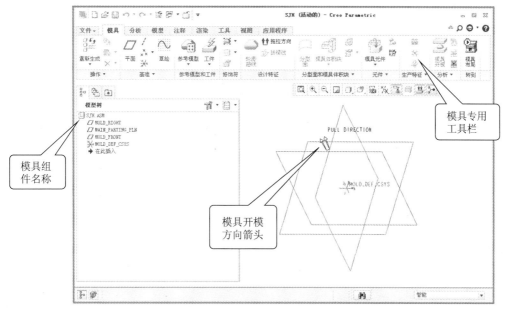

图 3.2 模具设计界面

3.2 创建参考模型

3.2.1 参考模型的概述

设计模型代表成型后的最终产品,是模具设计的操作基础。参考模型是指装配到模具模型中的元件。它们之间的关系如图 3.3 所示。

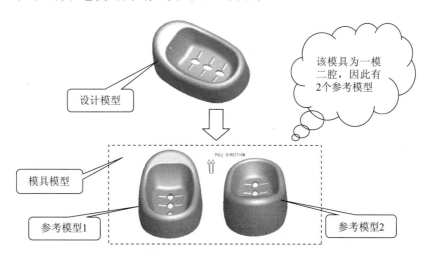

图 3.3 设计模型、参考模型与模具模型之间的关系

因为本例的模具是一次能生产 2 件塑件的模具,属于多腔模具,所以,模具模型有 2 个参考模型。

3.2.2 参考模型的创建方法 1——"装配"方式

参考模型的创建步骤较多，对于初学者来说，应该连续反复地重复操作，直到熟练为止。因为这是模具设计不可缺少的步骤，当参考模型的创建步骤熟练之后，才能轻松地掌握模具设计后续的流程。

下面介绍一种常用的方法，即使用"装配"方式创建参考模型。

素 材	模型文件\第 3 章\范例源文件\sjh-cp.prt
完成效果	模型文件\第 3 章\范例结果文件\装配参考模型\sjh.asm
操作视频	操作视频\第 3 章\3.2.2 参考模型的创建方法 1——"装配"方式

1. 选择命令

新建一个模具文件，从模具工具栏中选择【参考模型】按钮 ➡→【 ▶ 】→【组装参考模型】，如图 3.4 所示。

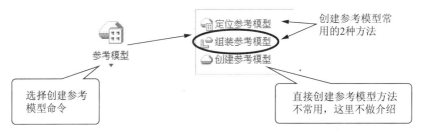

图 3.4 选择创建参考模型命令

2. 选择设计模型

选取命令后，系统打开"打开"窗口，要求选择设计模型文件，如图 3.5 所示。

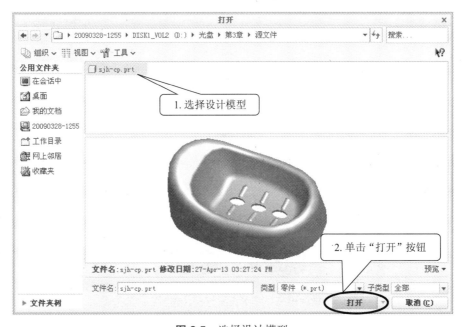

图 3.5 选择设计模型

3. 选择装配约束

单击 打开 按钮，打开"装配"操控板，要求为设计模型文件选择装配约束类型，如图 3.6 所示。

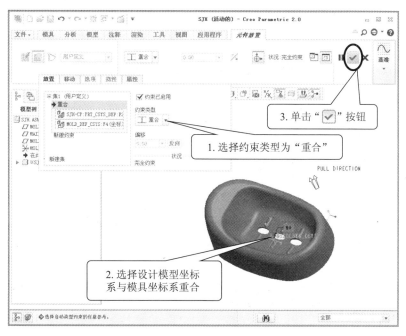

图 3.6 选择装配约束

4. 选择参考模型类型

选择装配约束后，单击操控板的 按钮，打开"创建参考模型"对话框，要求选择参考模型类型，如图 3.7 所示。

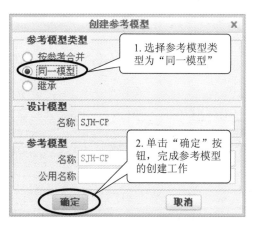

图 3.7 "创建参考模型"对话框

5. 加载参考模型

选择参考模型类型后，然后单击 确定 按钮关闭"创建参考模型"对话框，将设计模型加载到模具模型中，如图 3.8 所示。

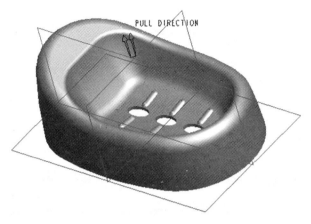

图 3.8 加载参考模型

 经验交流

本例"装配"方式创建的是单腔模具的参考模型,"装配"方式同样可以创建多腔模具的参考模型,其装配方法与零件的装配方法相同。一般创建多腔模具的参考模型通常使用"布局"方式,操作更方便。

3.2.3 参考模型的创建方法 2——"布局"方式

"布局"方式提供了在模具模型中以阵列方式排列参考模型的方法,可以创建单腔模具,也可以创建多腔模具。

素 材	模型文件 \ 第 3 章 \ 范例源文件 \ sjh-cp.prt
完成效果	模型文件 \ 第 3 章 \ 范例结果文件 \ 布局参考模型 \sjh.asm
操作视频	操作视频 \ 第 3 章 \3.2.3 参考模型的创建方法 2——"布局"方式

1. 选择命令

新建一个模具文件,从模具工具栏中选择【参考模型】按钮 → 【 ▶ 】→【定位参考模型 】,如图 3.9 所示。

图 3.9 选择"布局"方式创建参考模型命令

2. 选择设计模型

选取命令后,系统打开"打开"窗口和"布局"对话框,在"打开"窗口中选择设计模型文件,如图 3.10 所示。

3. 选择参考模型类型

选择设计模型后,单击 打开 ▼ 按钮,系统关闭"打开"窗口,打开"创建参考模型"对话框，要求选择参考模型类型，如图 3.11 所示。

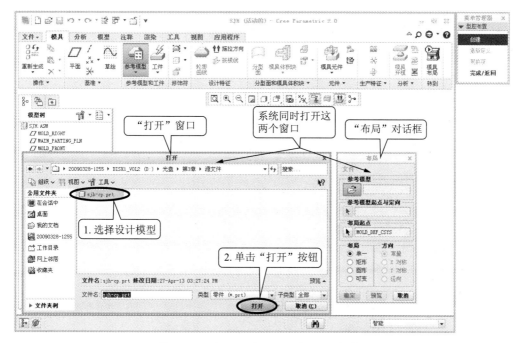

图 3.10 "打开"窗口和"布局"对话框

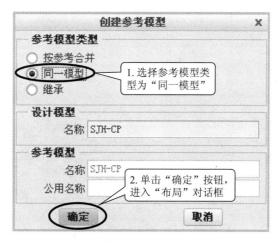

图 3.11 创建"参考模型"对话框

4. 设定布局参数

选择参考模型类型后，然后单击 确定 按钮关闭"创建参考模型"对话框，进入"布局"对话框，设定布局参数，如图 3.12 所示。

5. 加载参考模型

设定布局参数后，然后单击 确定 按钮关闭"布局"对话框，将设计模型加载到模具模型中，如图 3.13 所示。

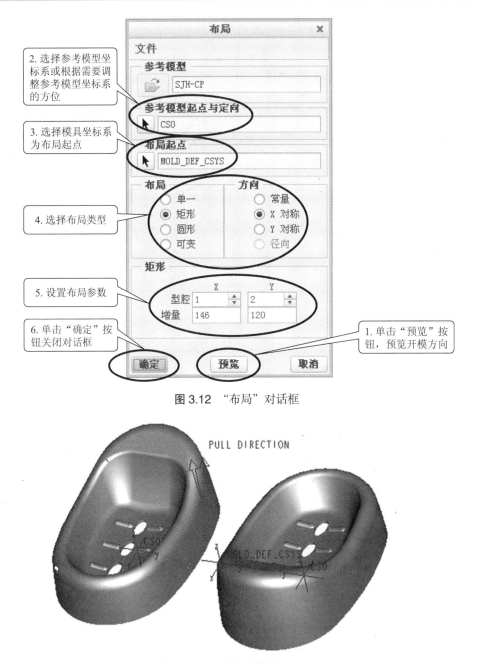

图 3.12 "布局"对话框

图 3.13 加载参考模型

3.3 设置收缩率

设计注塑模具时需要考虑塑料的收缩率并适当地增大参考模型的尺寸。一般在参考模型上设置收缩率,也可以在设计模型上设置收缩率。有 2 种设置收缩率的方式:"按比例"收缩方式和"按尺寸"收缩方式。

"按尺寸"方式设置收缩率,适合高级用户,对于初学者来说,不作要求。"按比例"方式设置收缩率易学易懂。初学者只要掌握"按比例"方式设置收缩率就能解决模具设计的各种收缩问题。

3.3.1　"按比例"方式设置收缩率

素　材	模型文件 \ 第 3 章 \ 范例源文件 \ sjh-cp.prt
完成效果	模型文件 \ 第 3 章 \ 范例结果文件 \ 布局参考模型 \sjh.asm
操作视频	操作视频 \ 第 3 章 \3.3.1 "按比例"方式设置收缩率

1. 选择命令

（1）单腔模具，单击模具工具栏的【按比例收缩】按钮，系统打开"按比例收缩"对话框，如图 3.14 所示。

图 3.14 单腔模"按比例收缩"命令

（2）多腔模具，选取命令后，系统要求为收缩选择参考模型。选择一个参考模型后，系统打开"按比例收缩"对话框，如图 3.15 所示。

2. 设置收缩率

设置收缩率的步骤如图 3.16 所示，单击按钮关闭对话框，完成收缩率的设置工作。打开"模型树"中参考模型的列表，在列表中出现按比例收缩标识：收缩 标识，如图 3.17 所示。

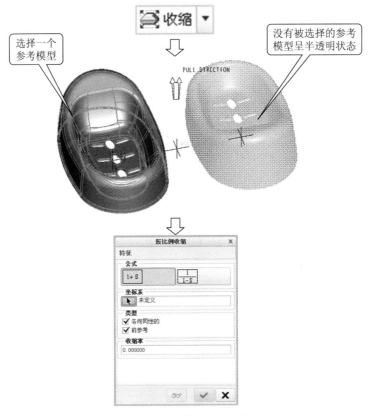

图 3.15　多腔模"按比例收缩"命令

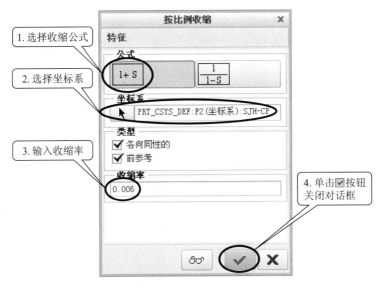

图 3.16　设置收缩率

3.3.2　"按尺寸"方式设置收缩率

1. 选择命令

（1）单腔模具,单击模具工具栏的【按比例收缩】按钮 ⬚→【 ▶ 】→【按尺寸收缩】

按钮❤，系统打开"按尺寸收缩"对话框，如图 3.18 所示。

（2）多腔模具，选取命令后，系统要求为收缩选择参考模型。选择一个参考模型后，系统打开"按尺寸收缩"对话框，如图 3.19 所示。

图 3.17　设置收缩率后，模型树列表中出现收缩标识　　图 3.18　单腔模"按尺寸收缩"命令

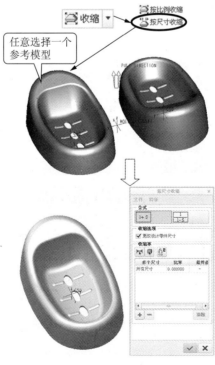

图 3.19　多腔模"按尺寸收缩"命令

69

2. 设置收缩率

设置收缩率如图 3.20 所示，单击☑按钮关闭对话框，完成收缩率的设置工作。打开"模型树"中参考模型的列表，在列表中出现按尺寸收缩标识：⯒按尺寸收缩 标识 。

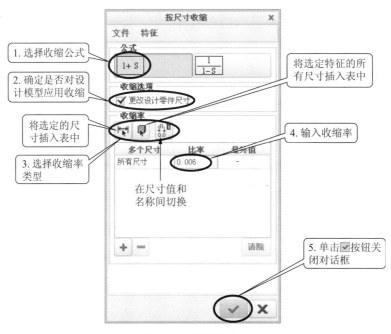

图 3.20　设置收缩率

3.4 创建工件模型

工件模型代表着模具的毛坯，代表直接参与熔融材料成型的模具元件总体积。模具模块提供了"自动工件""组装工件"和"创建工件"三种创建工件模型的方法。"组装工件"不常用，本书不做介绍。

3.4.1 按"自动工件"方式创建工件模型

素　　材	模型文件 \ 第 3 章 \ 范例结果文件 \ 布局参考模型 \sjh.asm
完成效果	模型文件 \ 第 3 章 \ 范例结果文件 \ 自动工件模型 \sjh.asm
操作视频	操作视频 \ 第 3 章 \3.4.1　按"自动工件"方式创建工件模型

1. 选取命令

单击模具工具栏的【自动工件】按钮。系统打开"自动工件"对话框，同时在参考模型周围创建出一个初始工件，如图 3.21 所示。

2. 设置工件模型参数

设置工件模型参数，如图 3.22 所示。

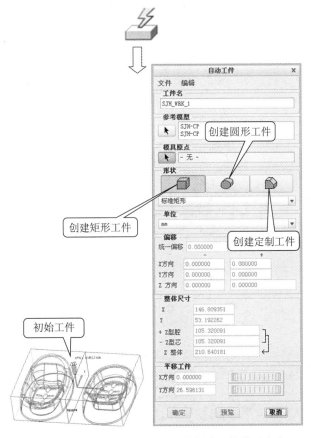

图 3.21 选择"自动工件"方式创建工件模型命令

3. 完成创建工作

单击 确定 按钮关闭对话框，完成工件模型的创建工作，图形窗口中显示创建出的工件模型，如图 3.23 所示。

3.4.2 按"创建工件"方式创建工件模型

素　材	模型文件 \ 第 3 章 \ 范例结果文件 \ 布局参考模型 \sjh.asm
完成效果	模型文件 \ 第 3 章 \ 范例结果文件 \ 创建工件模型 \sjh.asm
操作视频	操作视频 \ 第 3 章 \3.4.2　按"创建工件"方式创建工件模型

1. 选取命令

单击模具工具栏的【自动工件】按钮 ≥ →【 ▶ 】→【创建工件】按钮 ⬜，如图 3.24 所示。

2. 选择元件类型和子类型

选取命令后，系统打开"元件创建"对话框，在"元件创建"对话框的【类型】框中选择【零件】,【子类型】框中选择【实体】,在【名称】框中将接受缺省名称"PRT0001"，如图 3.25 所示。单击 确定 按钮进入"创建选项"对话框，如图 3.26 所示。

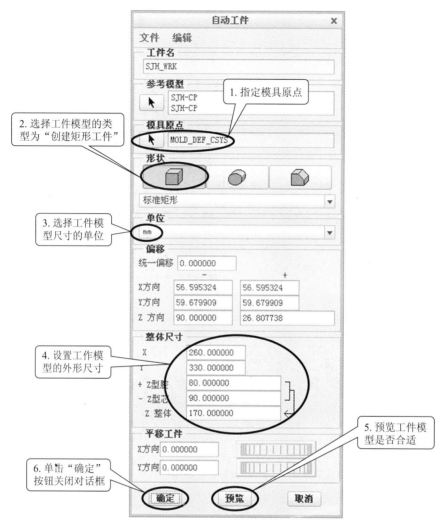

图 3.22　设定"工件模型"参数

图 3.23　创建出的自动工件模型

图 3.24　选择"创建工件"方式创建工件模型

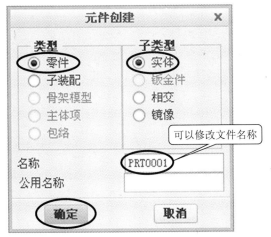

图 3.25　"元件创建"对话框　　　　　　　图 3.26　"创建选项"对话框

3. 选择拉伸命令

在【创建方法】中选择【创建特征】，然后单击 确定 按钮，模具工具栏中显示"创建模型特征"工具。从"创建模型特征"工具中选择【拉伸】按钮 。

选择【拉伸】按钮 后，系统打开"拉伸"操控板，进入实体拉伸操作界面，如图 3.27 所示。可以通过拉伸操作来创建工件模型。

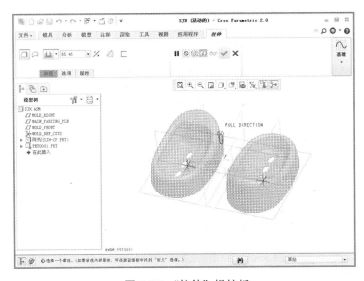

图 3.27　"拉伸"操控板

4. 选择草绘平面和方向

在操控板中单击【放置】→【定义】，进入"草绘"对话框。在【平面】中选择"MOLD_RIGHT"平面为草绘平面，在【参考】中选择"MAIN_PARTING_PLN"平面为参考平面，【方向】中选择【顶】，如图 3.28 所示。单击 草绘 按钮进入草绘模式，如图 3.29 所示。

进入草绘模式后，选择【草绘视图】按钮 ，定向草绘平面使其与屏幕平行，如图 3.30 所示。

图 3.28　"草绘"对话框

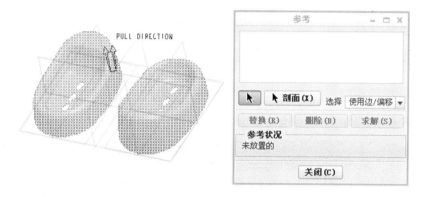

图 3.29　"草绘"模式

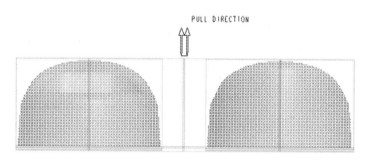

图 3.30　定向草绘平面使其与屏幕平行

5. 绘制工件模型的截面

Step01　选择作图基准。选择"MOLD_FRONT"和"MAIN_PARTING_PLN"两个互相垂直的基准平面作为绘制工件模型截面的作图基准，如图 3.31 所示。单击 关闭(C) 按钮，关闭"参考"对话框。

Step02　绘制工件模型截面。

绘制一个矩形如图 3.32 所示，代表工件模型截面。长度为 330mm，与分型面截面长度一致。根据模板强度要求，取定模高度（厚度）为 80mm，动模为 90mm。单击草绘器工具栏的 ✔ 按钮退出草绘模式，完成工件模型截面的绘制工作。

图 3.31　选取作图参考

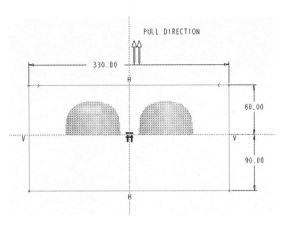

图 3.32　工件截面尺寸

 经验交流

在绘制工件模型截面之前，先使用中心线按钮 ▦ 绘制两条互相垂直的中心线与作图基准重合。在后续的作图过程中，Creo 2.0 会根据中心线进行对称捕捉，方便绘图和标注。

6.定义拉伸方式和深度

`Step01` 在"拉伸"操控板中单击【选项】，打开【选项】面板，在【侧 1】中选择【对称】，然后输入拉伸深度为"260"，在【侧 2】选择【无】，如图 3.33 所示。

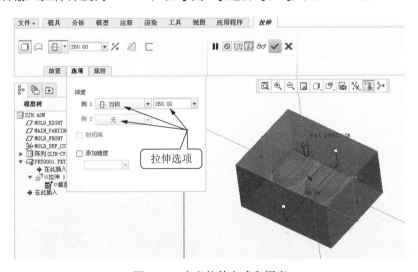

图 3.33　定义拉伸方式和深度

`Step02` 单击操控板的 ☑ 按钮，返回模具设计界面，选择模具文件 SJH.ASM，除去工件模型的激活状态，如图 3.34 所示，完成工件模型的创建工作。创建出的工件模型如图 3.35 所示。

 经验交流

"自动工件"和"创建工件"是创建工件模型的两种常用方法。其实这两种方法创建出的工件模型效果是一样的。读者可以根据自己的作图习惯任选其中一种方法。

图 3.34　除去工件模型的激活状态　　　　　图 3.35　创建出的工件模型

 思考与练习

1. 简述创建模具文件的操作过程和意义。

2. Creo 2.0 创参考模型的类型和方法有哪些？

3. 简述"按比例"方式设置收缩率。

4. 打开随书光盘中"第 3 章 \ 思考与练习源文件 \ex03-1.prt"，如图 3.36 所示。使用"创建工件"和"自动工件"两种方式创建工件模型，工件模型的长、宽、高为：460mm×306mm×200mm，源文件坐标系为工件模型的几何中心，如图 3.37 所示。结果文件请参看模型文件中"第 3 章 \ 思考与练习结果文件 \ex03-1.asm"。

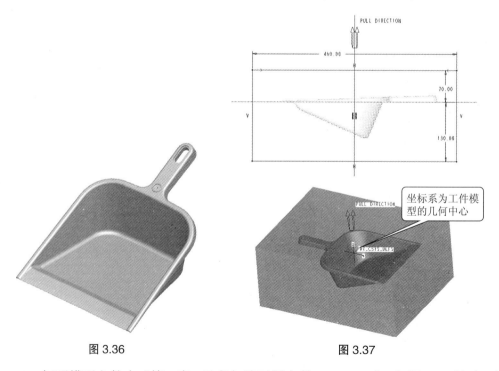

图 3.36　　　　　　　　　　　　　　　　图 3.37

5. 打开模型文件中"第 3 章 \ 思考与练习源文件 \ex03-2.prt"，如图 3.38 所示。使用"创建工件"和"自动工件"两种方式创建工件模型，工件模型的长、宽、高为：500mm×500mm×200mm，坐标系 CS0 为工件模型的几何中心，如图 3.39 所示。结果文件请参看模型文件中"第 3 章 \ 思考与练习结果文件 \ex03-2.asm"。

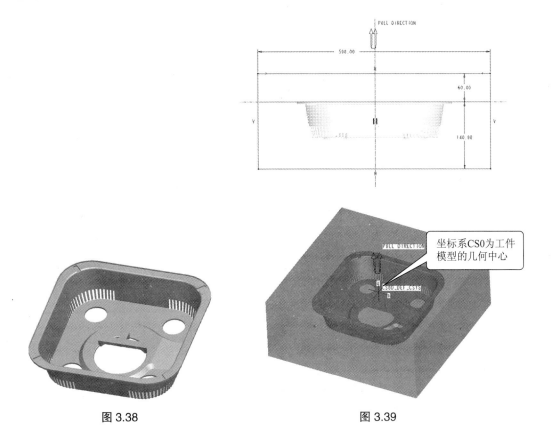

图 3.38

图 3.39

坐标系CS0为工件
模型的几何中心

第 **4** 章

设计分型面

本章主要内容

◆ 分型面概述
◆ 创建分型面
◆ 编辑分型面

为了将塑件和浇注系统凝料等从密闭的模具内取出，要将模具分成两个或若干个主要部分，模具上用来取出塑件和浇注系统凝料的可分离的接触表面称为分型面。

分型面的类型、形状及位置与模具的整体结构、浇注系统的设计、塑件的脱模和模具的制造工艺等情况有关，不仅关系到模具结构的复杂程度，而且也关系到塑件的成型质量。分型面设计是决定模具结构形式和模具设计成败的关键因素之一，是模具设计最为复杂和耗时的设计环节。

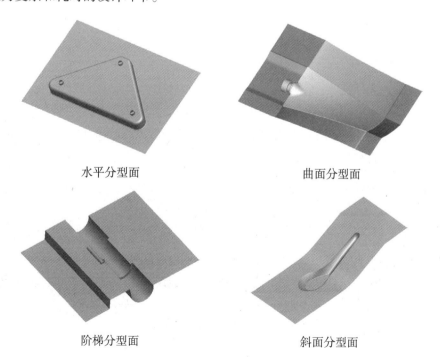

水平分型面　　　　　　　　　　曲面分型面

阶梯分型面　　　　　　　　　　斜面分型面

4.1　分型面概述

4.1.1　分型面的形式

分型面的形式多样，常见的分型面包括：水平分型面、阶梯分型面、斜面分型面和曲面分型面等。

1. 水平分型面

设计模型的分型面是一个平整的曲面，如图 4.1 所示。示例文件请参看模型文件中"第 4 章 \ 范例结果文件 \ 分型面概述 \ 水平分型面 \spfx.drw"和"spfx-1.prt"。

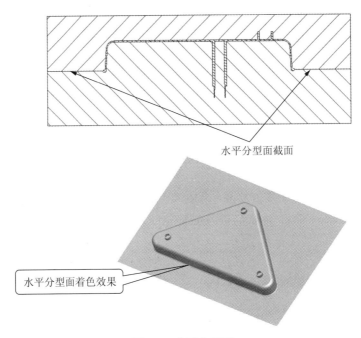

水平分型面截面

水平分型面着色效果

图 4.1　水平分型面

2. 阶梯分型面

设计模型的分型面是一个阶梯形的曲面，如图 4.2 所示。示例文件请参看模型文件中"第 4 章 \ 范例结果文件 \ 分型面概述 \ 阶梯分型面 \jtfx.drw"和"jtfx-1.prt"。

3. 斜面分型面

设计模型的主要分型面是类似斜面形状的曲面，如图 4.3 所示。示例文件参看模型文件"第 4 章 \ 范例结果文件 \ 分型面概述 \ 斜面分型面 \xmfx.drw"和"mfgxmfx.asm"。

4. 曲面分型面

设计模型的分型面是一个不规则的曲面，如图 4.4 所示。示例文件参看模型文件"第 4 章 \ 范例结果文件 \ 分型面概述 \ 曲面分型面 \ qmfx.drw"和"qmfx-1.prt"。

其实分型面本身就是一个曲面或曲面面组。分型面的分类方法包括：按数目分类、

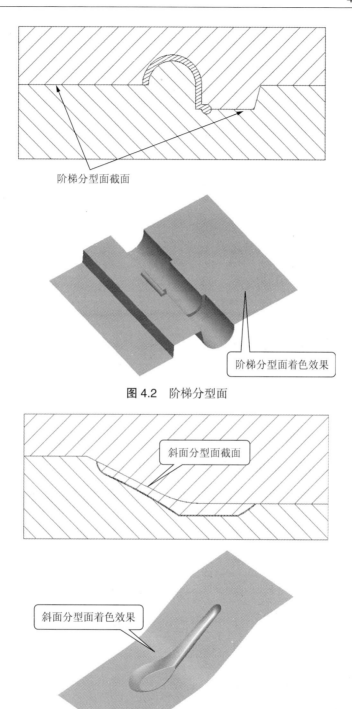

阶梯分型面截面

阶梯分型面着色效果

图 4.2 阶梯分型面

斜面分型面截面

斜面分型面着色效果

图 4.3 斜面分型面

按形状分类、按分型面与开模方向的关系分类。按形状分类对初学者来说比较直观，在按形状分类中，我们把不规则的曲面称为曲面分型面。

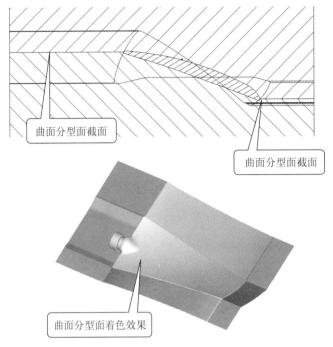

图 4.4　曲面分型面

4.1.2　分型面的设计原则

分型面是一个曲面或多个曲面组成的面组，是工件模型和模具体积块的分割面，用来分割工件或现有体积块。在设计分型面时应该遵循一些基本原则。

1. 有利于脱模的原则

设计模具时，应将分型面设计在塑件的最大截面处，确保塑件顺利脱模，如图 4.5 所示。示例请参看模型文件中"第 4 章 \ 范例结果文件 \ 分型面概述 \ 分型面的设计原

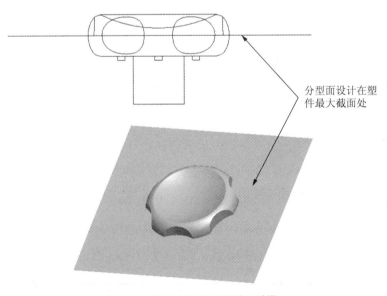

图 4.5　分型面设计要有利于脱模

则 \fxmyz-1.prt"。

2. 有利于保证塑件外观质量和精度要求的原则

为保证塑件圆弧处的分型不影响外观，应将分型面设计在圆弧的结合处，如图 4.6 所示。示例请参看模型文件中"第 4 章 \ 范例结果文件 \ 分型面概述 \ 分型面的设计原则 \fxmyz-2.prt"。

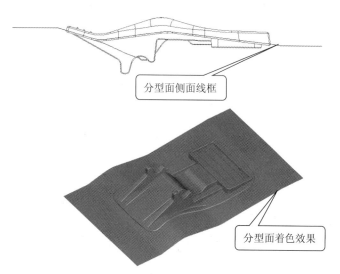

图 4.6　分型面沿圆弧进行设计

当塑件有同轴度要求时，应将含有同轴度要求的结构放在分型面的同一侧，如图 4.7 所示。示例请参看模型文件中"第 4 章 \ 范例结果文件 \ 分型面概述 \ 分型面的设计原则 \fxmyz-3.prt"。

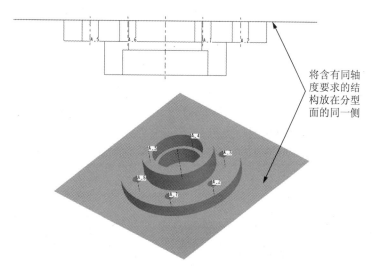

图 4.7　将含有同轴度要求的结构放在分型面的同一侧

3. 有利于成型零件的加工制造

在设计斜面分型面时，要确保动模与定模的倾斜角度一致，方便加工制造，如图 4.8 所示。示例请参看模型文件中"第 4 章 \ 范例结果文件 \ 分型面概述 \ 分型面的设计原

则 \fxmyz-4.prt"。

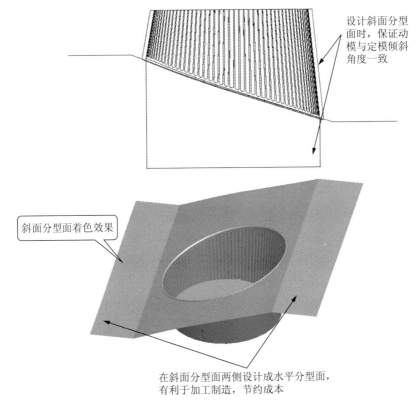

图 4.8　设计斜面分型面

4. 有利于侧向抽芯

当塑件有侧孔或侧面有结构时，侧向滑块应放在动模的一侧，这样模具结构相对简单，如图 4.9 所示。示例请参看模型文件中"第 4 章 \ 范例结果文件 \ 分型面概述 \ 分型面的设计原则 \fxmyz-5.prt"。

4.1.3　分型面自交检测

为保证分型面设计成功和成功地分割工件模型和体积块，在设计分型面时必须满足两个基本原则：一是分型面不能自身相交，二是分型面必须与工件模型或模具体积块完全相交才能进行分割。

1. 分型面自交

Step01　打开模型文件"第 4 章 \ 范例结果文件 \ 分型面概述 \ 分型面自交检测 \ mfgfxmzj.asm"，如图 4.10 所示。

Step02　在菜单栏上，选择【分析】→【模具分析】→【分型面检查】，系统打开"自相交检测"菜单管理器，如图 4.11 所示。

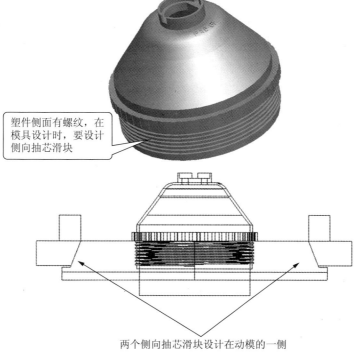

图 4.9 侧向滑块设计在动模的一侧

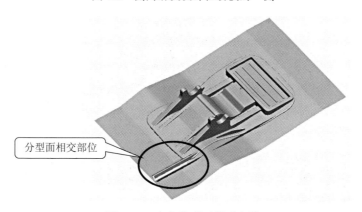

图 4.10 自交分型面模型文件

 经验交流

　　分型面自交是指分型面的某一部分自身存在着相交或重叠的地方。如果分型面相交或重叠的区域较大，通过观察的方法就可以判断分型面相交或重叠的位置，如果分型面相交或重叠的区域比较小，通过分型面自交检测的方法可以判断分型面相交或重叠的位置。然后，把分型面相交或重叠的区域移除，通过分型面的创建方法，创建出没有相交或重叠的合格的分型面。

2. 分型面与工件要完全相交

分型面必须与工件模型或模具体积块完全相交才能进行分割。

Step01 打开模型文件"第 4 章 \ 范例结果文件 \ 分型面概述 \ 分型面自交检测 \

mfgfxm-xj.asm"，如图 4.12 所示。

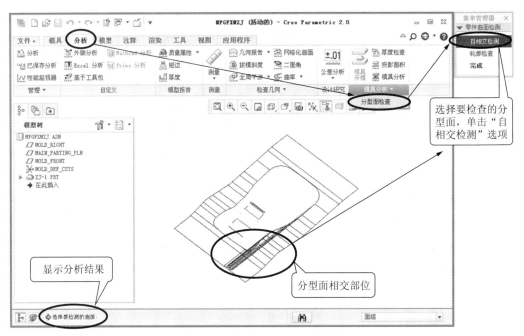

图 4.11　分型面自身相交检测

图 4.12　分型面的边界小于工件模型

　　Step02　选择模型树中的工件模型的拉伸特征，单击鼠标右键，打开快捷菜单，从"快捷菜单"中选择"编辑定义"，如图 4.13 所示。

　　Step03　选择【编辑定义】选项后，系统打开"拉伸"操控板，进入实体拉伸操作界面，如图 4.14 所示。这时，可以重新定义拉伸操作。

　　Step04　在操控板中单击【放置】→【编辑】，进入草绘模式。选择【草绘视图】按钮 ，定向草绘平面使其与屏幕平行，使用【重合】按钮 ，约束工件模型的截面大小与分型面的大小一致，如图 4.15 所示。

　　Step05　单击草绘器工具栏的 按钮，退出草绘模式，返回到操控板。在"拉伸"操控板中，单击【选项】，打开【选项】面板，在【侧 1】中选择【到选定项】，然后选择分型面延伸侧的一条边，指定拉伸终止边。在【侧 2】也选择【到选定项】，选择分

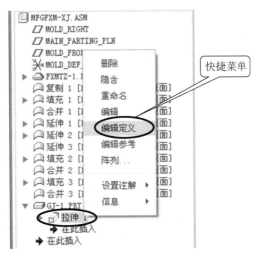

图 4.13　编辑定义拉伸特征

图 4.14　"拉伸"操控板

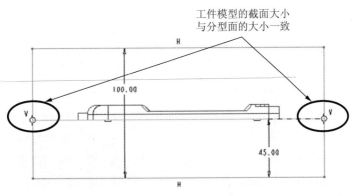

图 4.15　工件截面尺寸

型面延伸侧的另一条对边，如图 4.16 所示。

Step06 单击操控板的 ✔ 按钮，完成工件模型拉伸特征的编辑定义工作，其效果
如图 4.17 所示。

4.1.4　分型面的特征标识和颜色

在 Creo 2.0 模具设计中，分型面是工件模型和模具体积块的分割面，用来分割工
件或现有体积块，是一种曲面特征，具有广泛的意义。分型面不仅用于分割动模和定模，
也可以分割其他模具元件，如镶件、滑块等。

图 4.16　编辑定义拉伸方式和深度

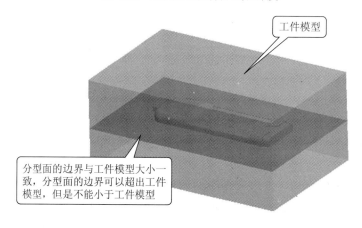

图 4.17　分型面与工件模型大小一致

1. 分型面特征标示

分型面是一种曲面特征，在模型树中以特征标识显示（图 4.18）。示例请参看模型文件中"第 4 章 \ 范例结果文件 \ 分型面概述 \ 分型面的特征 \mfgfxm.asm"。

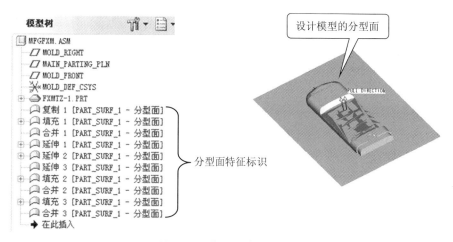

图 4.18　分型面特征标识

2. 分型面特征颜色

在系统缺省的背景颜色下，以线框形式显示分型面时，分型面的开放边界以黄铜色显示，连续的分型面边界以紫色显示，如图 4.19 所示。

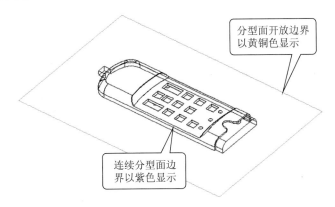

图 4.19 分型面特征颜色

当分型面由多个面组构成时，没有合并之前的曲面边界以黄铜色显示，合并后的曲面边界以紫色显示（在系统缺省的背景颜色下）。只要系统背景颜色不发生变化，无论分型面的着色颜色怎样变化，分型面在线框状态显示下的颜色都不会发生变化。

3. 设置系统背景颜色

Step01 选择系统颜色命令，在"快速访问"工具栏上选择【▾】→【更多命令】，如图 4.20 所示。

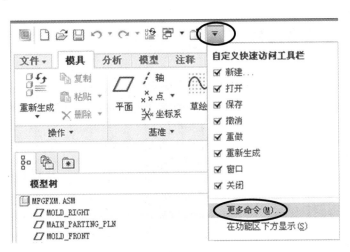

图 4.20

Step02 选择【更多命令】后，系统打开"Creo Parametric 选项"对话框，在颜色配置框中单击下拉按钮▾，打开"系统颜色"选项，选择系统背景颜色设置选项中的一种颜色，可以设置系统背景颜色，如图 4.21 所示。

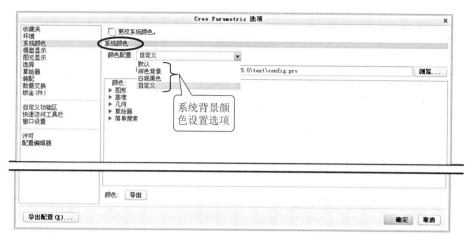

图 4.21　系统颜色对话框

4.2　创建分型面

模具模块提供了特有的分型面创建模式，使用分型面创建模式提供的命令创建的任何曲面，系统均会自动将其识别为分型面，在"模型树"中出现相关的分型面标识。不进入分型面创建模式，系统将创建的任何曲面只标识为曲面，而不标识为分型面，但是依然可以作为分型面使用，本书称为曲面创建模式。

4.2.1　使用分型面创建模式

模具模块提供了多种选取分型面创建命令的方法，主要分成两大类。

第一类是分型面创建模式，即进入分型面创建模式选取分型面创建命令。

第二类是曲面创建模式，即选取曲面创建命令，创建好的曲面可以作为分型面使用。

下面介绍打开分型面创建模式命令面板的操作步骤。

Step01　打开一个模型文件"第 4 章 \ 范例结果文件 \ 创建分型面 \ 分型面创建方式 \ m f g f x m f s . a s m"。

Step02　单击模具工具栏的【分型面】按钮，系统打开创建分型面模式工作界面，如图 4.22 所示。

分型面创建模式步骤很简单，在分型面创建模式下，创建分型面的命令很丰富，通常情况下模具设计使用该方法创建分型面。在分型面创建模式下的操作实例参见本章的创建分型面实例。

4.2.2　使用曲面创建模式

1. 使用模型工具栏选取创建曲面命令

Step01　打开一个模型文件"第 4 章 \ 范例结果文件 \ 创建分型面 \ 分型面创建方式 \ m f g f x m f s . a s m"。

Step02　在菜单中选择【模型】，打开模型工具栏，从模型工具栏中选择其中一种建

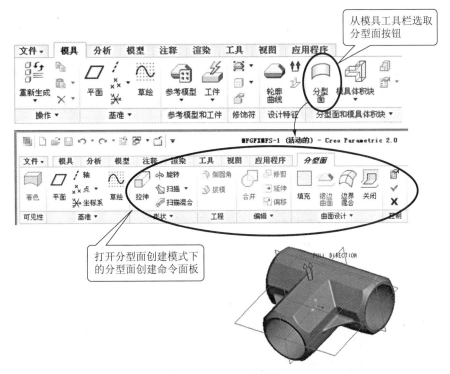

图 4.22　分型面创建模式

模命令，可以创建相应曲面，如图 4.23 所示。从中选择一项创建曲面的方法后，系统
显示相应的操控板或对话框，可以创建相应的曲面。

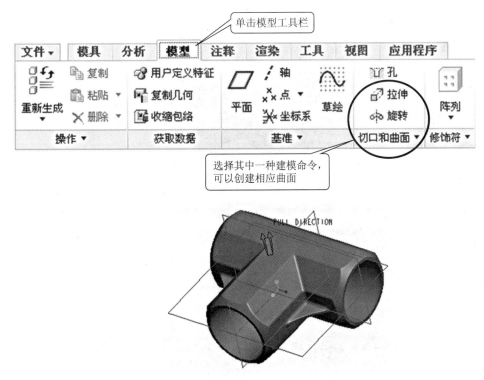

图 4.23　使用模型工具栏创建曲面

2. 使用零件模块创建曲面

Step01 打开一个模型文件"第 4 章 \ 范例结果文件 \ 创建分型面 \ 分型面创建方式 \mfgfxmfs.asm"。

Step02 在模型树中选择"参考模型",单击右键,打开快捷菜单,在快捷菜单中选择"打开"选项,进入零件模块操作界面,如图 4.24 所示。

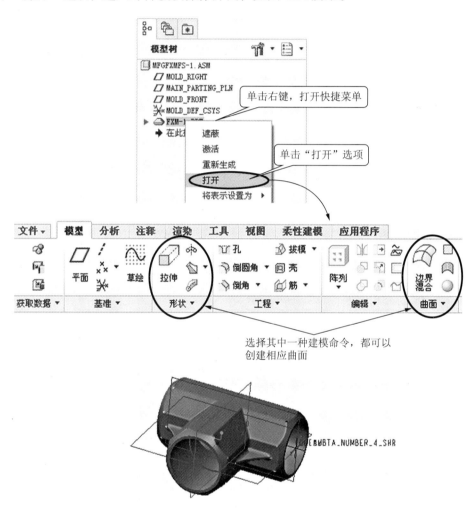

图 4.24 使用零件模块创建曲面

Step03 选择"拉伸"、"旋转"、"扫描"、"混合"、"扫描混合"、"螺旋扫描"、"边界混合"命令中的任一建模命令,可以创建相应的曲面。

经验交流

在零件模块下,创建好的曲面转到模具模块同样可以作为分型面使用。

4.3 创建拉伸分型面

拉伸操作不仅可以创建实体特征,而且可以在垂直于草绘平面的方向上将草绘截面拉伸到指定深度，创建出拉伸曲面。

4.3.1 拉伸分型面的操作要点

（1）选取拉伸命令，打开"拉伸"操控板。

（2）进入草绘模式，草绘一个要拉伸的开放截面或闭合截面。

（3）使用操控板定义拉伸方式。

- 盲孔 ⊞：从草绘平面以指定的深度值拉伸截面。
- 对称 ⊟：以指定深度值的一半拉伸到草绘平面的两侧。
- 到选定项 ⊞：将截面拉伸至一个选定点、曲线、平面或曲面。

（4）在操控板中输入拉伸的深度值，或者双击模型上的深度尺寸并在尺寸框中输入新值。

（5）要将拉伸的方向更改为草绘的另一侧，单击 ⊠ 按钮。

（6）如果草绘的拉伸截面是闭合截面，单击操控板上的【选项】面板，然后选取【封闭端】，可以创建两端封闭的拉伸曲面。

（7）单击操控板的 ✓ 按钮。

4.3.2 创建拉伸分型面实例

素　材	模型文件\第4章\范例源文件\创建分型面\拉伸分型面\mfglsfxm.asm
完成效果	模型文件\第4章\范例结果文件\创建分型面\拉伸分型面\mfglsfxm.asm
操作视频	操作视频\第4章\4.3.2　创建拉伸分型面实例

1. 选取命令

打开模型文件"第4章\范例源文件\创建分型面\拉伸分型面\mfglsfxm.asm"，从模具工具栏中单击【分型面】按钮 ▢ →【拉伸】按钮 ▣，打开"拉伸"操控板，如图4.25所示。

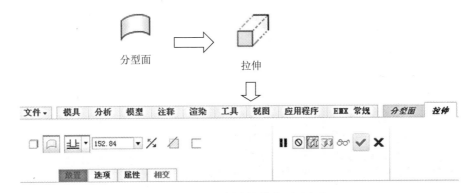

图4.25 选取创建拉伸分型面命令

2. 选择草绘平面和方向

Step01 选择【放置】→【定义】，打开"草绘"对话框。在【平面】框中选择"MOLD_FRONT"平面作为草绘平面，在【参考】框中选择"MOLD_RIGHT"平面作为参考平面，在【方向】框中选择【右】，如图 4.26 所示。单击 [草绘] 按钮进入草绘模式。

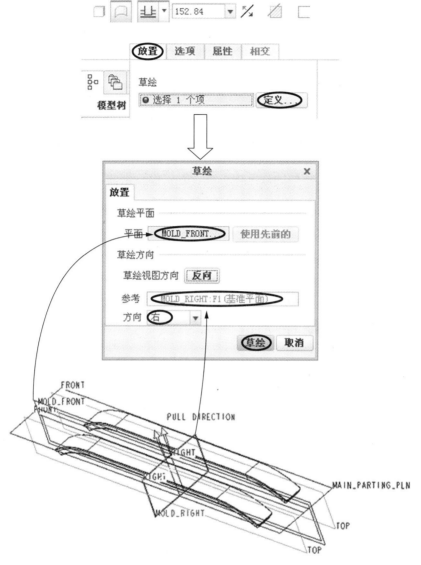

图 4.26　选择草绘平面和方向

Step02 进入草绘模式后，选择【草绘视图】按钮 🗗，定向草绘平面使其与屏幕平行。

3. 绘制分型面截面

沿参考模型轮廓边界绘制分型面截面，使分型面和参考模型之间没有间隙。方法如下。

Step01 单击【投影】按钮 ▣，提取参考模型的轮廓线。

Step02 单击【中心线】按钮 ⁞，绘制一条中心线。

Step03 使用【线】按钮 ⌄ 和【拐角】按钮 ┿ 将提取参考模型的轮廓线延伸到如图 4.27 所示的长度。

Step04 单击【线】按钮 ⌄，绘制出轮廓端点直线。

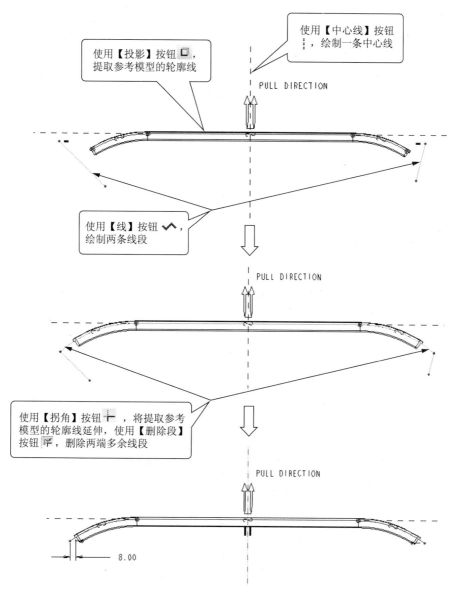

图 4.27 延伸参考模型的轮廓线

Step05 使用轮廓线的外端点标注长度尺寸"620",并使其关于中心线对称。620mm
为后面要创建的工件模型的长度尺寸,如图 4.28 所示。

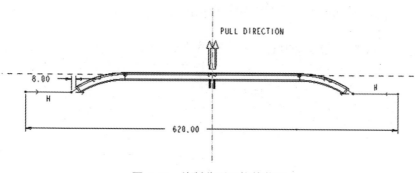

图 4.28 绘制分型面拉伸截面

Step06 单击草绘工具栏的 ✓ 按钮退出草绘模式。

4. 指定拉伸方式和深度

在"拉伸"操控板中选择【对称】 ┇，然后输入拉伸深度"250"，250mm 为后面要创建的工件模型的宽度尺寸，在图形窗口预览拉伸出的分型面，如图 4.29 所示。

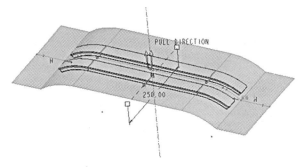

图 4.29　预览分型面

5. 完成创建工作

单击操控板的 ✓ 按钮，完成分型面的创建工作，再单击分型面右边工具栏的 ✓ 按钮，返回到模具设计界面，拉伸分型面形状如图 4.30 所示。

图 4.30　拉伸出的分型面

4.3.3　适合用拉伸命令制作分型面的模型特点

拉伸分型面是将二维截面延伸到垂直于草绘平面的指定距离处来创建分型面。

适合用拉伸命令创建分型面的模型特点是：设计模型的主分型面在 X、Y、Z 中的任一种方向呈直线分布（即从该方向看过去没有高低曲线），如图 4.31 所示。示例参看模型文件"第 4 章 \ 范例结果文件 \ 分型面概述 \ 斜面分型面 \mfgxmfx.asm"。

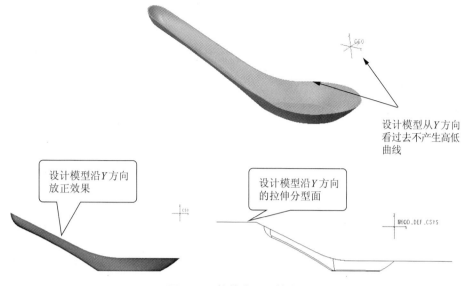

设计模型从Y方向看过去不产生高低曲线

设计模型沿Y方向放正效果

设计模型沿Y方向的拉伸分型面

图 4.31 拉伸分型面特点

4.4 创建填充分型面

填充分型面是使用封闭的二维截面来创建分型面。

4.4.1 填充分型面的操作要点

（1）选取填充命令，打开"填充"操控板。
（2）进入草绘模式，草绘一个要填充的闭合截面。
（3）单击草绘工具栏的 ✓ 按钮，退出草绘模式。
（4）单击操控板的 ✓ 按钮。

4.4.2 创建填充分型面实例

素　　材	模型文件\第4章\范例源文件\创建分型面\填充分型面\mfgtcfxm.asm
完成效果	模型文件\第4章\范例结果文件\创建分型面\填充分型面\mfgtcfxm.asm
操作视频	操作视频\第4章\4.4.2　创建填充分型面实例

1. 选取命令

打开模型文件"第4章\范例源文件\创建分型面\填充分型面\mfgtcfxm.asm"，从模具工具栏中单击【分型面】按钮 ⌒ →【填充】按钮 ▨，打开"填充"操控板，如图 4.32 所示。

2. 选择草绘平面和方向

Step01 选择【参考】→【定义】，打开"草绘"对话框。在【平面】框中选择"参考模型下表面"作为草绘平面，在【参考】框中选择"MOLD_FRONT"平面作为参考平面，在【方向】框中选择【顶】，如图 4.33 所示。单击 草绘 按钮进入草绘模式。

分型面   填充

| 文件▾ | 模具 | 分析 | 模型 | 注释 | 渲染 | 工具 | 视图 | 应用程序 | EMX | 常规 | **分型面** | **填充** |

草绘 ◎ 选择 1 个项   ‖ ✔ ✘

参考 属性

图 4.32   选取创建填充分型面命令

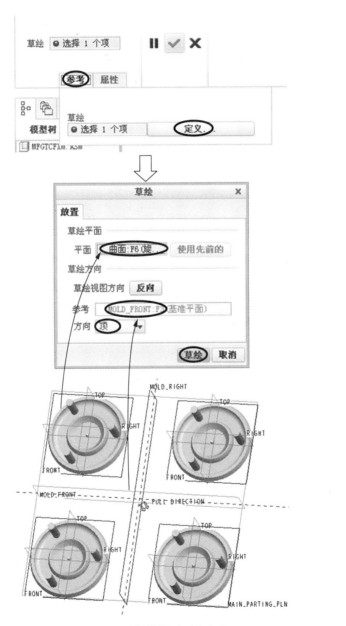

图 4.33   选择草绘平面和方向

Step02　进入草绘模式后,选择【草绘视图】按钮 ，定向草绘平面使其与屏幕平行。

3. 绘制分型面截面

沿参考模型中心绘制填充分型面截面，使填充分型面截面以参考模型中心呈对称分布。方法如下。

Step01　单击【中心线】按钮 ，绘制两条中心线。

Step02　单击【矩形】按钮 ，绘制填充轮廓，使用【相等】按钮 约束矩形的长度和宽度相等，如图 4.34 所示。

Step03　单击【投影】按钮 ，提取参考模型的内轮廓线。

Step04　标注填充分型面截面长度尺寸为 "200"。200mm 为后面要创建的工件模型的长度尺寸，如图 4.34 所示。

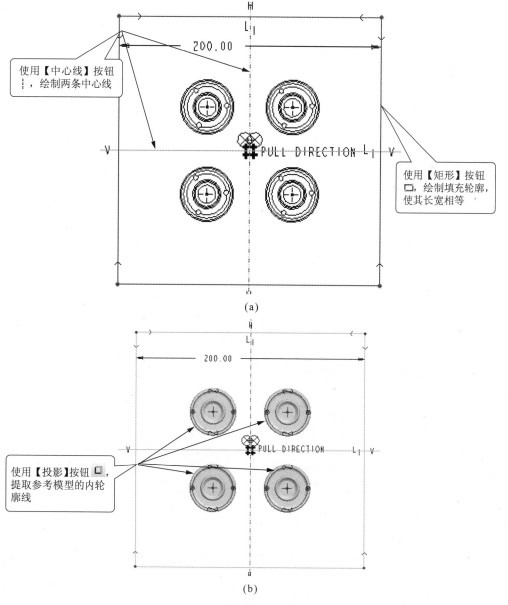

图 4.34　绘制分型面填充截面

Step05　单击草绘工具栏的 ✓ 按钮，退出草绘模式。

Step06　退出草绘模式，返回到"填充"操控板，在图形窗口预览出填充分型面，如图 4.35 所示。

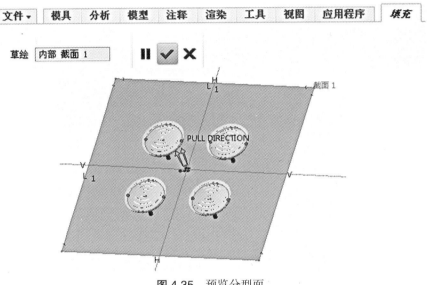

图 4.35　预览分型面

💡 经验交流

在分型面创建过程中，可以把分型面和参考模型视为一个整体，看上去没有破洞，这样的分型面就是合格的分型面。

4. 完成创建工作

单击操控板的 ✓ 按钮，完成填充分型面的创建工作，再单击分型面右边工具栏的 ✓ 按钮，返回到模具设计界面，分型面形状如图 4.36 所示。

图 4.36　填充分型面

4.4.3　适合用填充命令制作分型面的模型特点

填充分型面是使用封闭的二维截面来创建分型面。

在设计模具时，适合用填充命令创建分型面的模型的特点是：设计模型的主分型线处在同一水平面上，如图 4.37 所示。示例文件请参看模型文件"第 4 章 \ 范例结果文件 \ 分型面概述 \ 水平分型面 \spfx-1.prt"。

在设计模具时适合用填充命令创建分型面的模型，使用拉伸方法创建分型面也可达到目的，但能够使用填充方法创建分型面的模型一般不使用拉伸方法创建分型面，因为填充方法快捷方便，如图 4.37 所示。如果改用拉伸方法创建分型面，分型面中间设计模型外形孔需要通过再次拉伸，移除曲面才能达到相同的效果。

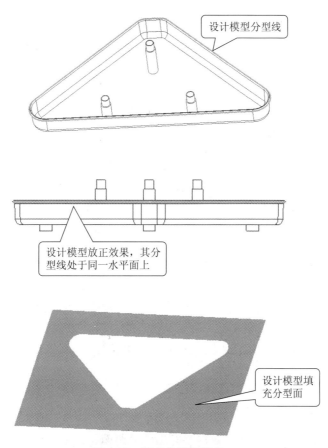

图 4.37　填充分型面特点

4.5　复制分型面

在 Creo 2.0 模具设计工作中，通过复制曲面的方法创建分型面是 Creo 2.0 创建分型面的主要方法之一，因为复制曲面可以充分利用参考模型的几何特征。

通过复制曲面的方法创建分型面通常需要与其他创建分型面方法配合使用，最后得到完整的参考模型分型面。

在 Creo 2.0 模具设计工作中，选择要复制的曲面，从模具工具栏选择【复制】按钮 🗅 →【粘贴】按钮 🗎，复制出的曲面不能标识为"分型面"，但同样可作为分型面使用。

4.5.1　复制分型面的操作要点

（1）选择要复制的曲面。

（2）选择分型面命令，使用快捷键：〈Ctrl+C〉→〈Ctrl+V〉，打开"曲面：复制"操控板，如图 4.38 所示。

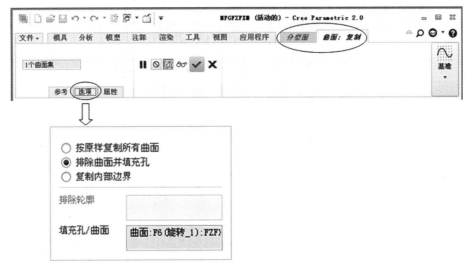

图 4.38　"曲面：复制"操控板

（3）定义复制选项内容，按住 Ctrl 键选取全部要复制的曲面。

（4）如果要排除曲面并填充曲面上的孔，从操控板的【选项】面板中选择【排除曲面并填充孔】。或者单击右键，从快捷菜单中选择【排除曲面并填充孔】，然后再选取要排除孔的所有曲面。

（5）单击操控板的 ✅ 按钮，完成复制分型面操作。

 经验交流

复制分型面有 3 个选项，每个选项的含义如下。

（1）按原样复制所有曲面：复制所有选择的曲面。

（2）排除曲面并填充孔：如果选择此选项，以下的两个编辑框将被激活。

● 排除轮廓：收集要从选定的多轮廓曲面中移除的轮廓。

● 填充孔 / 曲面：在已选曲面上选择孔的边填充孔。

（3）复制内部边界：如果选择此选项，"边界"编辑框被激活，选择封闭的边界，复制边界内部的曲面。

4.5.2　创建复制分型面实例

素　材	模型文件 \ 第 4 章 \ 范例源文件 \ 创建分型面 \ 复制分型面 \mfgfzfxm.asm
完成效果	模型文件 \ 第 4 章 \ 范例结果文件 \ 创建分型面 \ 复制分型面 \mfgfzfxm.asm
操作视频	操作视频 \ 第 4 章 \4.5.2　创建复制分型面实例

1. 选取命令

打开模型文件"第 4 章 \ 范例源文件 \ 创建分型面 \ 复制分型面 \mfgfzfxm.asm"，从模具工具栏中单击【分型面】按钮 ，进入分型面创建模式，选取参考模型的一个外表面，使用快捷键：〈Ctrl+C〉→〈Ctrl+V〉，打开"曲面：复制"操控板，如图 4.39 所示。

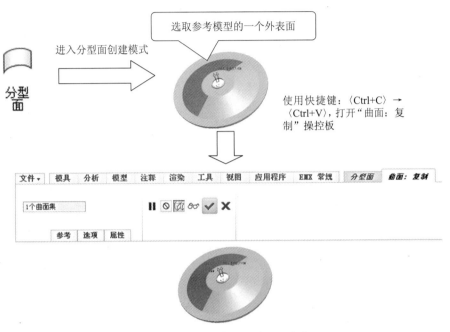

图 4.39　选取创建复制分型面命令

2. 选取要复制的曲面

按住 Ctrl 键，依次选择参考模型外表面，如图 4.40 所示。

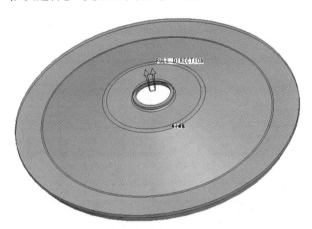

图 4.40　选取要复制的曲面

3. 排除分型面中没有被填充的孔

Step01 从操控板的【选项】面板中选择【排除曲面并填充孔】，如图 4.41 所示。或者单击右键，从快捷菜单中选择【排除曲面并填充孔】，如图 4.42 所示。

图 4.41 "曲面 : 复制"操控板

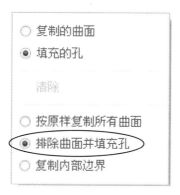

图 4.42 右键快捷菜单

Step02 选择参考模型圆孔上表面，可以观察到圆孔被填充，如图 4.43 所示。设置成【着色】显示，可以单击操控板右边的【查看连接几何的模式】按钮 ∞ 观察。

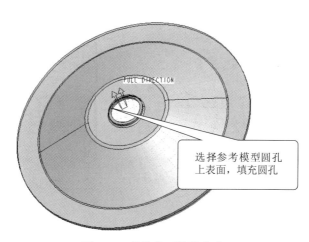

图 4.43 排除曲面并填充孔

4. 完成复制分型面创建工作

单击操控板的 ✓ 按钮，完成复制分型面的创建工作，再单击分型面右边工具栏的 ✓ 按钮，返回到模具设计界面，如图 4.44 所示（遮蔽了参考模型），"模型树"中出现复制分型面的名称。

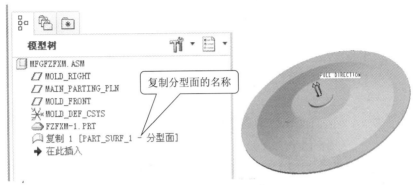

图 4.44 创建出的复制分型面

5. 完善分型面

Step01 选择填充命令。

从"模具"工具栏中单击【分型面】按钮 ⌒ →【填充】按钮 ⌷，打开"填充"操控板。

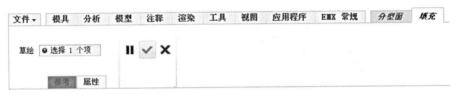

图 4.45 打开"填充"操控板

Step02 选择草绘平面和方向。

① 选择【参考】→【定义】，打开"草绘"对话框。在【平面】框中选择"参考模型下表面"作为草绘平面，在【参考】框中选择"MOLD_FRONT"平面作为参考平面，在【方向】框中选择【顶】，如图 4.46 所示。单击 草绘 按钮进入草绘模式。

② 进入草绘模式后，选择【草绘视图】按钮 ⌷，定向草绘平面使其与屏幕平行。

Step03 绘制填充截面。

沿参考模型中心绘制填充分型面截面，使填充分型面截面以参考模型中心呈对称分布。方法如下。

① 单击【中心线】按钮 ⋮，绘制两条中心线。

② 单击【矩形】按钮 ▢，绘制填充轮廓，使用【相等】按钮 ▭ 约束矩形长宽相等。

③ 单击【投影】按钮 ▢，提取参考模型的外轮廓线。

④ 标注填充分型面截面长度尺寸为"500"。500mm 为后面要创建的工件模型的长度尺寸，如图 4.47 所示。

⑤ 单击草绘器工具栏的 ✓ 按钮退出草绘模式。

⑥ 返回到"填充"操控板，在图形窗口预览出填充分型面，如图 4.48 所示。单击

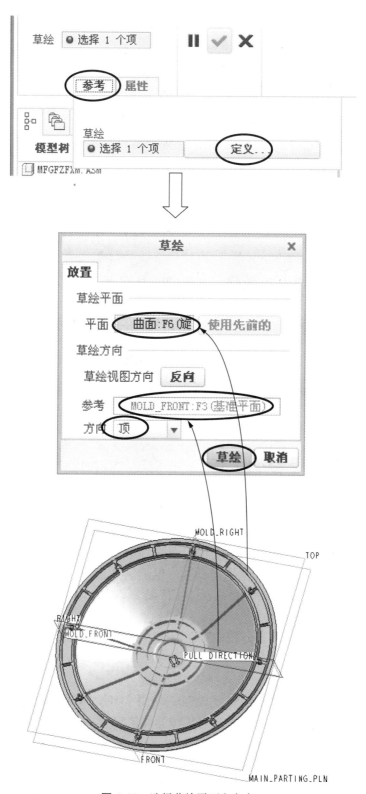

图 4.46　选择草绘平面和方向

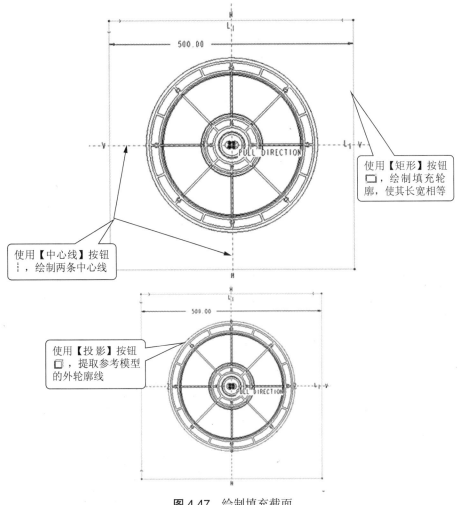

图 4.47　绘制填充截面

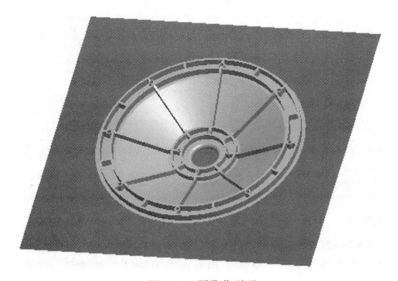

图 4.48　预览分型面

操控板的 ☑ 按钮，完成填充分型面的创建工作。

Step04　合并分型面。

① 从主窗口右下角"过滤器"中选择【面组】，按住 Ctrl 键选中填充分型面和复制分型面（也可以从模型树中选中填充分型面和复制分型面）。

② 从"分型面"工具栏选择【合并】按钮 ◻，打开"合并"操控板，如图 4.49 所示。

③ 单击操控板的 ☑ 按钮，两个分型面形成一个完整的分型面，如图 4.50 所示。

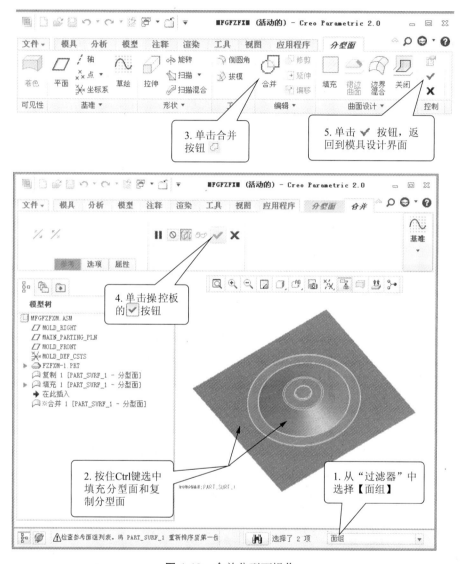

图 4.49　合并分型面操作

经验交流

在设计参考模型的分型面时，往往需要多种创建分型面的方法结合在一起使用，才能得到合格的分型面。本例创建参考模型分型面使用"复制"、"填充"和"合并"的方法。合并操作将在"4.10 合并分型面"节详细讲解。

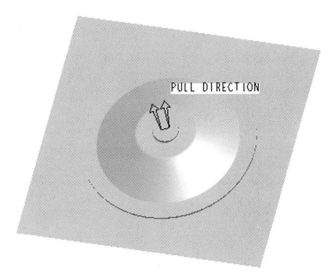

图 4.50　合并后的分型面

6. 完成创建工作

再单击分型面右边工具栏的 ✓ 按钮，返回到模具设计界面。

4.6　阴影分型面

阴影分型面（阴影曲面）也称为着色曲面。构造原理是利用一个指定方向的光源照射在参考模型上（缺省的光源投影方向与开模方向相反），系统复制参考模型上受到光源照射到的曲面部分而产生一个阴影曲面主体，并且填充曲面上的孔。然后在参考模型最大外形轮廓线所在的平面上，利用参考模型最大外形轮廓线与工件模型边界之间形成的封闭截面生成一个填充平面，从而形成一个完整的覆盖型的阴影分型面。

4.6.1　阴影法创建分型面的操作要点

1. 选取命令

打开模型文件"第 4 章 \ 范例源文件 \ 创建分型面 \ 裙边分型面 \mfgqbfxm.asm"，从"模具"工具栏中单击【分型面】按钮 ➡ →【曲面设计】→【阴影曲面】，打开"阴影曲面"对话框，如图 4.51 所示。图形窗口中用红色箭头显示光线的投影方向。

2. 选取参考模型

如果只有一个参考模型，系统将自动选取它。如果有多个参考模型，系统会弹出菜单管理器的"特征参考"菜单和"选取"对话框，如图 4.52 所示，要求选取参考模型。可以根据需要选取几个或全部参考模型，然后在菜单管理器中单击【完成参考】选项确认。

3. 选取关闭平面

如果只有一个参考模型，不必选取关闭平面。如果选取了多个参考模型，必须选

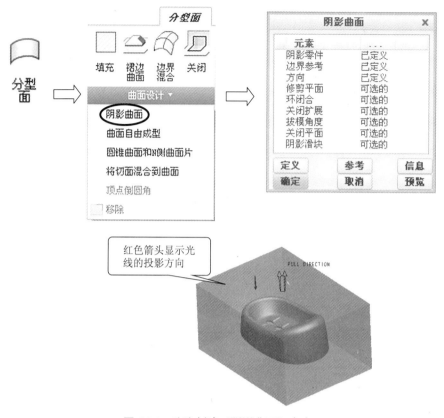

图 4.51　选取创建"阴影曲面"命令

图 4.52　"特征参考"菜单和"选取"对话框

取一个关闭平面（分型面平面，也称为切断平面）。

4. 其他选项设置

对于一些形状规则、底部平面可作为分型面的关闭平面，通常不需要设置其他选项，即可得到正确的阴影分型面。对于形状不太规则的参考模型，则需要通过其他选项以控制阴影曲面的生成。

5. 完成创建工作

单击"阴影曲面"对话框的 ⌊确定⌋ 按钮，完成阴影分型面的创建工作。再单击分型

面右边工具栏的 按钮,返回到模具设计界面,此时在"模型树"中显示阴影分型面(或阴影曲面)标识。

经验交流

因为阴影分型面要利用参考模型和工件模型,因此在创建阴影分型面之前必须先创建出工件模型,并且创建阴影分型面时,不能遮蔽工件模型和参考模型。

4.6.2　创建阴影分型面实例

素　材	模型文件\第4章\范例源文件\创建分型面\阴影分型面\mfgyyfxm.asm
完成效果	模型文件\第4章\范例结果文件\创建分型面\阴影分型面\mfgyyfxm.asm
操作视频	操作视频\第4章\4.6.2　创建阴影分型面实例

1. 选取命令

从模具工具栏中单击【分型面】按钮 □ →【曲面设计】→【阴影曲面】,打开"阴影曲面"对话框,如图4.53所示。图形窗口中用红色箭头显示光线的投影方向。

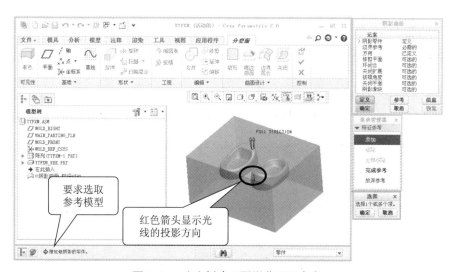

图4.53 选取创建"阴影曲面"命令

2. 选取参考模型

依次选取两个参考模型(结合Ctrl键),然后在菜单管理器中单击【完成参考】选项确认,如图4.54所示。

3. 选择关闭平面

创建工件模型时,系统使用参考模型的最大轮廓线所在平面自动确定了一个分型面,该平面位于"MAIN_PARTING_PLN"平面上。直接选取"MAIN_PARTING_PLN"平面,单击菜单管理器的【完成/返回】选项确认,如图4.55所示。

4. 完成阴影曲面的创建工作

单击"阴影曲面"对话框的 确定 按钮,完成阴影分型面的创建工作。再单击分型

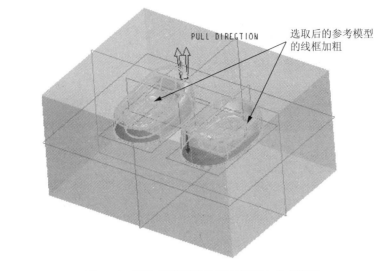

图 4.54 选取创建阴影分型面的两个参考模型

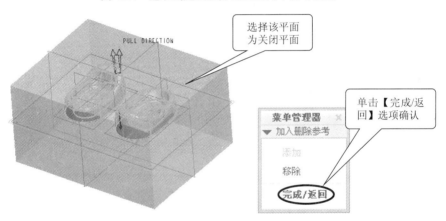

图 4.55 选取创建阴影分型面的关闭平面

面右边工具栏的 按钮，返回到模具设计界面，"模型树"中会显示阴影分型面的标识，如图 4.56 所示。

图 4.56 完成阴影曲面创建工作，显示阴影分型面的标识

5. 观察分型面

从菜单栏选择【视图】→【可见性】→【着色】按钮 🟦，或在模具模块主窗口直接选择【着色】按钮 🟦，系统打开"搜索工具"对话框，在"搜索工具"对话框左边"项"中选择分型面，单击 >> 按钮→【关闭】，图形窗口中单独显示阴影分型面，如图 4.57 所示。从菜单管理器中选择【完成/返回】选项，退出着色操作，如图 4.58 所示。也可以通过遮蔽参考模型和工件模型来观察阴影分型面。

 经验交流

通过观察可知，阴影分型面不仅包括了参考模型外部轮廓表面和填充了曲面上的孔，而且在参考模型最大外形轮廓线与工件模型边界之间创建了一个填充平面，然后将轮廓表面和填充平面合并成一个完整的覆盖型的阴影分型面。

6. 保存模具文件

单击工具栏的【保存】按钮 🔲，保存模具文件。

4.7 创建裙边分型面

4.7.1 创建轮廓曲线的操作要点

要创建裙边分型面，首先要创建轮廓曲线。轮廓曲线是一条有效的分型线，裙边

选择着色按钮方法1

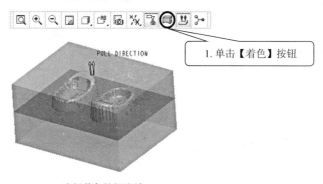

选择着色按钮方法2

图 4.57　观察分型面

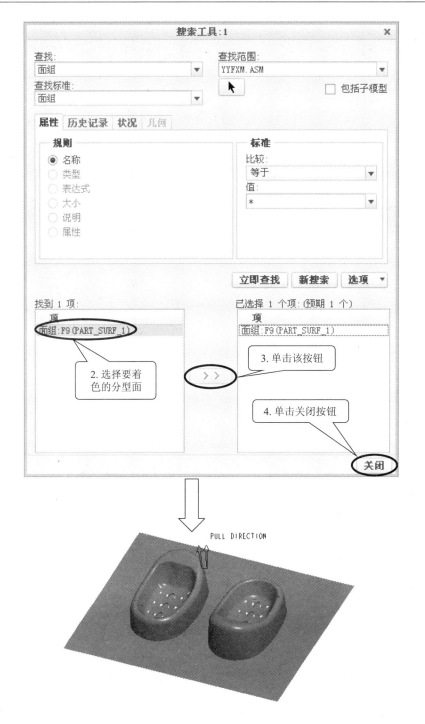

续图 4.57

分型面就是利用参考模型的轮廓曲线来创建的分型面。

1. 选取命令

从模具工具栏中单击【轮廓曲线】按钮 ⬭,打开"轮廓曲线"对话框,如图 4.59 所示。

图 4.58　退出着色操作菜单管理器

图 4.59　选取创建轮廓曲线命令

2. 选项设置

在"轮廓曲线"对话框中,系统会根据参考模型的形状自动定义一些选项,如【名称】、【曲面参考】和【方向】,并显示"已定义"。对于其他"可选的"选项,通常可以不进行定义。

3. 完成创建工作

单击轮廓曲线对话框中的 确定 按钮关闭对话框,完成轮廓曲线的创建工作。"模型树"中会出现轮廓曲线的标识。

4.7.2　创建裙边分型面的操作要点

裙边分型面(裙边曲面)是利用参考模型的轮廓曲线所创建的封闭的分型面。它利用轮廓曲线的内环来填充曲面上的孔,利用轮廓曲线的外环将分型面延伸工件模型的所有边界。因此创建裙边分型面时,必须先创建轮廓曲线。

创建裙边分型面之前,首先要创建工件模型,并且不能遮蔽工件模型,因为它是裙边分型面的延伸参考。这时,也不能遮蔽参考模型。

1. 选取命令

打开模型文件"第 4 章 \ 范例源文件 \ 创建分型面 \ 裙边分型面 \mfgqbfxm.asm",从模具工具栏中单击【分型面】按钮 ⌷ →【裙边曲面】按钮 ⌷,打开"裙边曲面"对话框和菜单管理器,如图 4.60 所示。

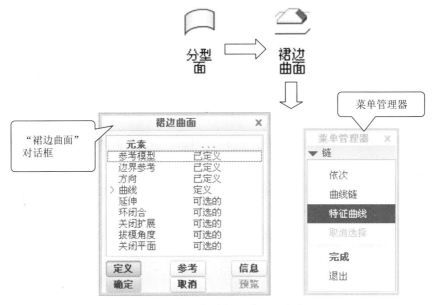

图 4.60　选取创建裙边分型面命令

2. 选取轮廓曲线

菜单管理器"链"菜单的【特征曲线】选项用于选择轮廓曲线。选择轮廓曲线后，单击"链"菜单的【完成】选项，返回到"裙边曲面"对话框，此时对话框中的【曲线】选项显示"已定义"。

3. 其他选项设置

完成特征曲线的选择后，可以根据需要在"裙边曲面"对话框中定义以下选项。

【方向】：指定光源投影方向，可以选取一个平面，或者选取一条直边、轴或 3D 曲线，或者选取坐标系的 x、y 或 z 轴。缺省的光源投影方向与开模方向相反。

【延伸】：删除轮廓曲线中不需要的曲线段、定义曲线延伸长度及改变延伸方向。

【环闭合】：定义裙边分型面上的环闭合，填充参考模型中的孔。

【关闭扩展】、【关闭平面】、【拔模角度】：如果要关闭延伸并使曲面延伸截止到一个平面，则使用【关闭扩展】和【关闭平面】，使用【拔模角度】定义关闭角度。

4. 完成创建工作

单击"裙边曲面"对话框的 确定 按钮，完成裙边分型面的创建工作。再单击分型面右边工具栏的 ✔ 按钮，返回到模具设计界面，"模型树"中会出现裙边分型面的标识。

4.7.3　创建裙边分型面实例

素　材	模型文件 \ 第 4 章 \ 范例源文件 \ 创建分型面 \ 裙边分型面 \mfgqbfxm.asm
完成效果	模型文件 \ 第 4 章 \ 范例结果文件 \ 创建分型面 \ 裙边分型面 \mfgqbfxm.asm
操作视频	操作视频 \ 第 4 章 \4.7.3　创建裙边分型面实例

首先打开模型文件，如图 4.61 所示。

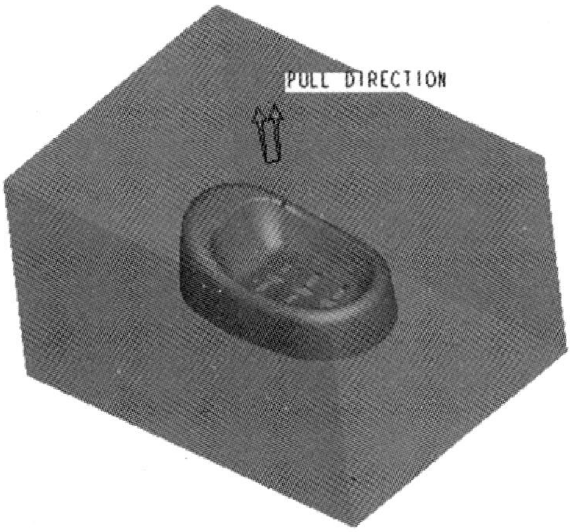

图 4.61 模型文件

1. 创建轮廓曲线

Step01 选取命令。单击工具栏的【轮廓曲线】按钮，系统打开“轮廓曲线”对话框（参阅图 4.59）。

Step02 选取参考曲面。系统自动选取参考模型并根据参考模型的形状自动定义一些选项，如图 4.62 所示。

Step03 完成创建工作。

单击轮廓曲线对话框的 确定 按钮关闭对话框，完成参考模型轮廓曲线的创建工作，“模型树”中会出现轮廓曲线的名称：“SILH_CURVE_1”，如图 4.63 所示。

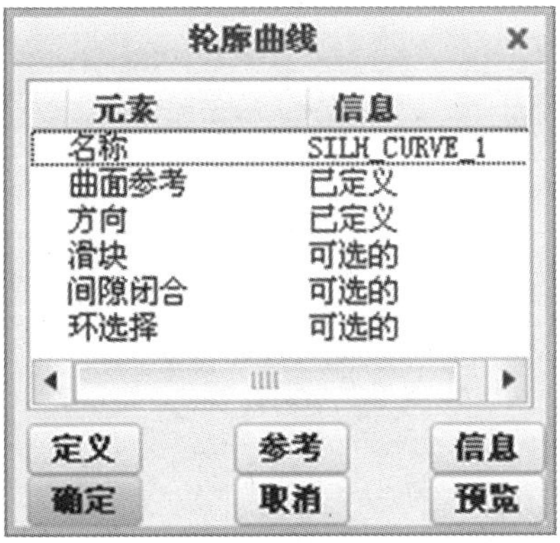

图 4.62 系统自动定义选项

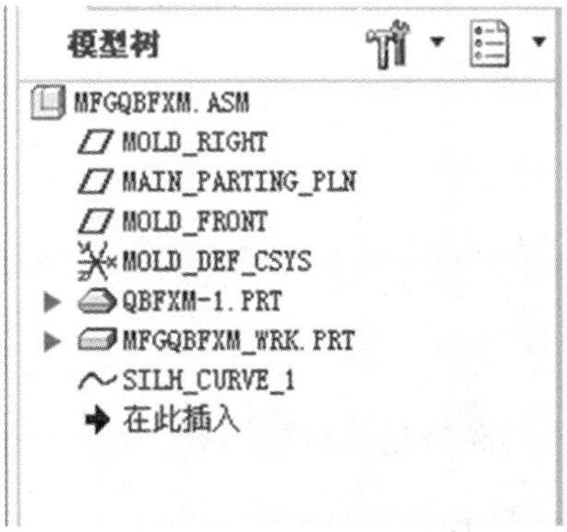

图 4.63 模型树显示参考模型轮廓曲线

Step04 观察轮廓曲线。

遮蔽参考模型和工件模型，参考模型轮廓曲线由三个内环和一个外环组成。如图 4.64 所示，完成观察后，取消参考模型和工件模型的遮蔽。

经验交流

轮廓曲线可由若干个封闭环组成，有若干个内环（将来用于填充）和一个外环（将来用于延伸）。轮廓曲线会根据分型面应该选取在塑件尺寸最大处的原则，自动生成参考模型的最大轮廓线（分模线），形成其外环。裙边曲面可以利用其外环，将曲面向工

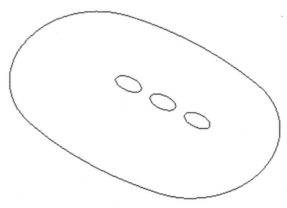

图 4.64　轮廓曲线

件四周延伸，从而形成分型面。

2. 创建裙边分型面

Step01　选取命令。

从模具工具栏中单击【分型面】按钮 ▭ →【裙边曲面】按钮 ◿，打开"裙边曲面"对话框和菜单管理器（参阅图 4.60）。

Step02　选取轮廓曲线。

在图形窗口中选取参考模型的轮廓曲线，单击菜单管理器"链"菜单的【完成】选项，如图 4.65 所示。

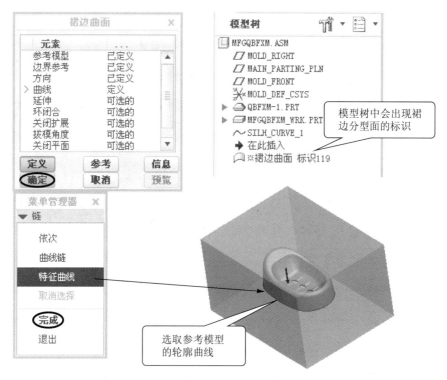

图 4.65　选取轮廓曲线

Step03　完成创建工作。

再单击"裙边曲面"对话框的 确定 按钮，完成裙边分型面的创建工作，模型树中会出现裙边分型面的标识。

单击分型面右边工具栏的 ✔ 按钮，返回到模具设计界面。单击工具栏的【保存】按钮 🖫，保存模具文件。

Step04　观察裙边分型面。

遮蔽参考模型和工件模型，裙边分型面如图 4.66 所示。可以观察到：裙边分型面利用轮廓曲线的内环来填充曲面上的孔，利用轮廓曲线的外环将分型面延伸到工件模型的所有边界。

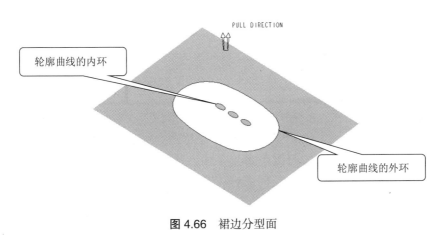

图 4.66　裙边分型面

4.8　编辑分型面

4.8.1　重定义分型面

在实际工作中，如果发现分型面不合适，可以通过"重定义"或"编辑定义"的方法修改分型面。

重定义分型面是对分型面进行大幅度修改。可以为分型面增加新特征，如延伸、修剪、合并、添加新的曲面等，也可以重新定义分型面中的现有特征、修改尺寸或删除整个分型面及其所有的相关特征。

下面是重定义分型面的操作要点。

打开模型文件"第 4 章 \ 范例结果文件 \ 创建分型面 \ 重定义分型面 \mfgcdyfxm.asm"，在"模型树"中右键单击分型面，从快捷菜单中选择【重定义分型面】，可以根据需要，重新定义分型面，如图 4.67 所示。

4.8.2　编辑定义分型面

编辑定义分型面是在原有基础上对分型面进行局部修改。打开一个模型文件"第 4 章 \ 范例结果文件 \ 创建分型面 \ 重定义分型面 \mfgcdyfxm.asm"。

下面是编辑定义分型面的操作要点。

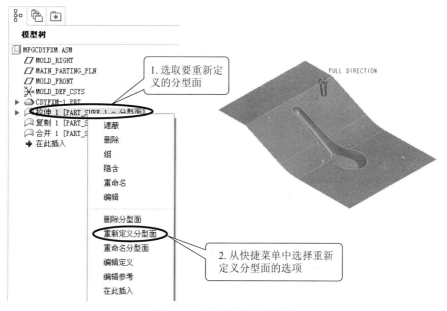

图 4.67　重定义分型面方法

方法 1 : 在"模型树"中右键单击分型面，从快捷菜单中选择【编辑定义】，系统打开创建该分型面时使用的操控板或对话框，可以根据需要修改分型面，如图 4.68 所示。

方法 2 : 从"模型树"中选取分型面，再从主窗口"操作"菜单中选择【编辑定义】，系统打开创建该分型面时使用的操控板或对话框，可以根据需要修改分型面，如图 4.69 所示。

4.8.3　着色分型面

下面是着色分型面的操作要点。首先打开模型文件"第 4 章 \ 范例结果文件 \ 创建分型面 \ 重定义分型面 \mfgcdyfxm.asm"。

Step01　从"模具"菜单中选择【着色】按钮 🔳，系统打开"搜索工具"对话框，从中选取要着色的分型面，系统会对分型面进行着色处理，以方便对其进行观察，如图 4.70 所示。

Step02　如果要选取更多要着色的分型面，在菜单管理器的【继续体积块选取】菜单中单击【继续】。如果要退出着色操作，单击菜单管理器的【完成 / 返回】选项，如图 4.71 所示。

💡 **经验交流**

"着色"命令只能对分型面创建模式创建的分型面进行着色处理，不能对曲面创建模式创建的曲面进行着色处理。此外，"着色"命令也可以对体积块进行着色处理。

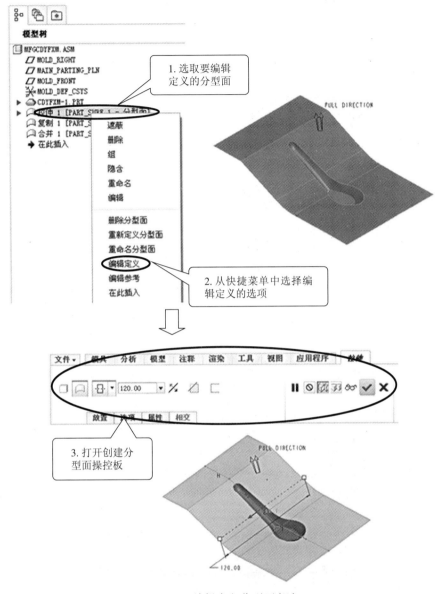

图 4.68 编辑定义分型面方法 1

4.9 延伸分型面

延伸操作可以将分型面延伸到指定距离或延伸到所选的参考平面，创建出延伸分型面。

4.9.1 延伸分型面的操作要点

（1）选取延伸命令，打开"延伸"操控板。

（2）选择延伸曲面的边界。选择延伸曲面的边界时，只能选择单条边或链。注意，要添加其他边界时，需按住 Shift 键进行。

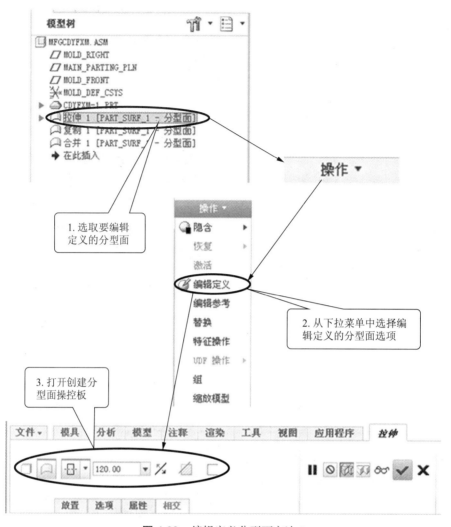

图 4.69　编辑定义分型面方法 2

（3）使用操控板定义延伸方式。

● 沿原始曲面延伸曲面 :沿原始曲面延伸曲面边界。

● 将曲面延伸到参考平面 :在与指定平面垂直的方向延伸边界边至指定平面。

（4）指定延伸距离或参考平面。

如果沿原始曲面延伸曲面，在操控板中的值框中键入距离值。或者在图形窗口中，使用拖动控制滑块将选定的边界边手动延伸至所需距离处。

如果将曲面延伸到参考平面，选取要将该曲面延伸到的参考平面。

（5）单击操控板的 按钮。

4.9.2　创建延伸分型面实例

素　材	模型文件\第 4 章\范例源文件\创建分型面\延伸分型面\mfgysfxm.asm
完成效果	模型文件\第 4 章\范例结果文件\创建分型面\延伸分型面\mfgysfxm.asm
操作视频	操作视频\第 4 章\4.9.2　创建延伸分型面实例

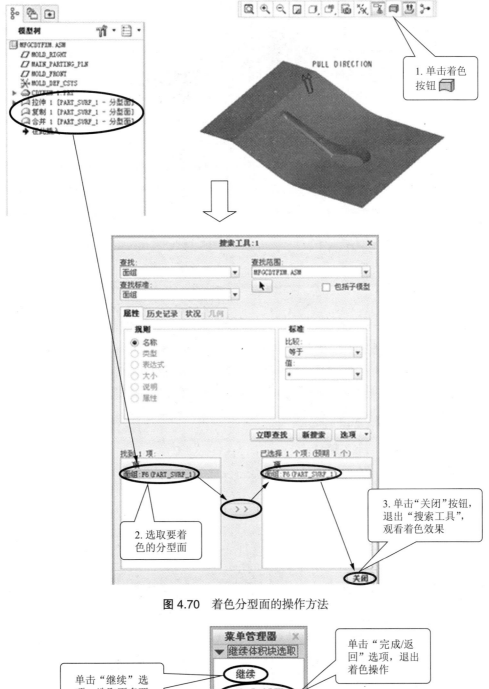

图 4.70 着色分型面的操作方法

图 4.71 着色分型面菜单管理器

打开一个模具文件，如图 4.72 所示。

1. 选取命令

从工具栏中单击【分型面】按钮 ▢ →选取分型面的任意一条边界→【延伸】按钮

⬚，打开"延伸"操控板，如图 4.73 所示。

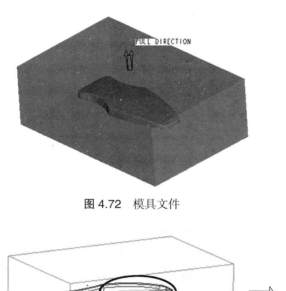

图 4.72　模具文件

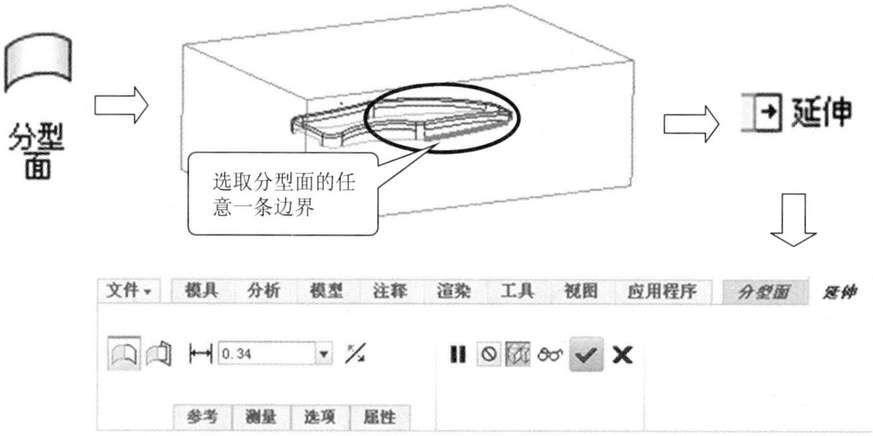

图 4.73　选取创建延伸分型面命令

💡 经验交流

"延伸分型面"是对已存在的分型面进行延伸，在选取曲面边界进行延伸时，选取的边界应在分型面上，而不是参考模型上的边界。为了避免参考模型边界与分型面边界发生重叠引起选择困难，在选取分型面边界之前，将参考模型进行遮蔽处理，方便选取分型面边界。

2. 指定延伸曲面的边界、延伸方式和要延伸到的平面

Step01　遮蔽参考模型，选取分型面轮廓线的一条边，然后按住 Shift 键，依次选择其他边，指定为要延伸分型面的边界链，如图 4.74 所示。

Step02　单击【将曲面延伸到参考平面】按钮 ⬚，指定沿垂直的方向延伸边界链。

Step03　选择工件模型的侧面，指定为分型面要延伸到的平面，如图 4.75 所示。

3. 完成创建工作

单击操控板的 ✓ 按钮，创建出垂直于工件模型的侧面的延伸曲面，完成分型面的第一次延伸工作。重复上述步骤，继续对分型面其余边界链进行延伸，如图 4.76 ~ 图 4.78 所示，延伸好的分型面如图 4.79 所示。

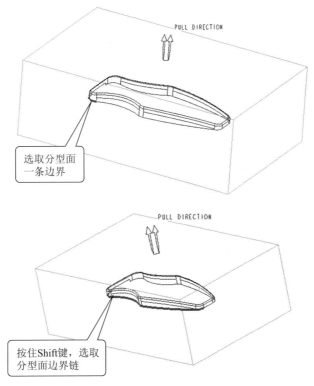

图 4.74　选取分型面的边界链

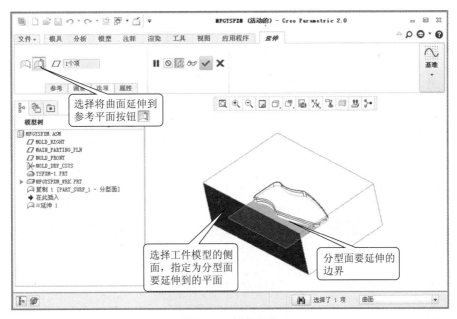

图 4.75　延伸操作

单击分型面右边工具栏的 ☑ 按钮，返回到模具设计界面。单击工具栏的【保存】按钮 🖫，保存模具文件。

创建出的延伸曲面会自动合并到前面创建出的复制分型面中，成为一个完整的分型面。

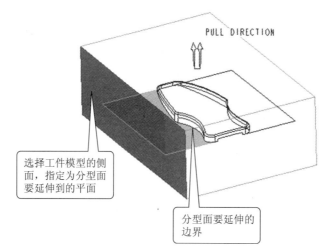

图 4.76 第二次延伸

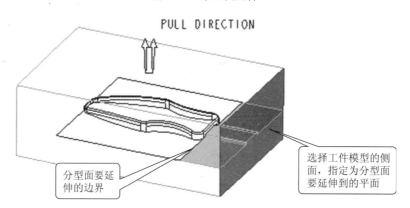

图 4.77 第三次延伸

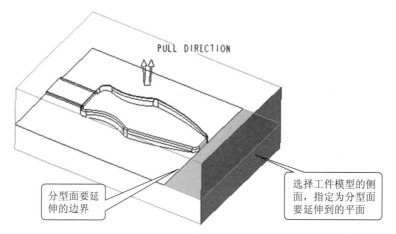

图 4.78 第四次延伸

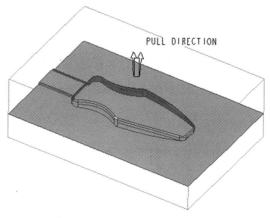

图 4.79 延伸得到的分型面

4.10 合并分型面

在创建分型面过程中，一个参考模型的分型面往往由多个单一的分型面组成。这些单一的分型面通过连接或求交的方式连接成一个完整的分型面，这个过程称为合并分型面。

4.10.1 合并分型面的操作要点

（1）从菜单管理器中选取合并命令，打开"合并"操控板。

（2）按住 Ctrl 键选取要合并的两个曲面。

（3）选取合并方法：从操控板中选择【相交】或【连接】。注意：如果选择连接，一个曲面的单侧边必须位于另一个面组上。

（4）指定合并曲面的保留部分。

● 相交合并：通过单击图形窗口中的两个粉红色箭头，分别指定两个曲面要保留的一侧，箭头指向的那一侧曲面将被包括在合并曲面中。

● 连接合并：如果两个曲面的边与边相连接，系统可以直接合并两个曲面，不出现粉红色箭头。如果一个曲面延伸超出另一个曲面，显示一个粉红色箭头，单击箭头指定曲面的那一侧将被包括在合并曲面中。

（5）单击操控板的 ✔ 按钮。

4.10.2 创建合并分型面实例

素　　材	模型文件 \ 第 4 章 \ 范例源文件 \ 创建分型面 \ 合并分型面 \mfghbfxm.asm
完成效果	模型文件 \ 第 4 章 \ 范例结果文件 \ 创建分型面 \ 合并分型面 \mfghbfxm.asm
操作视频	操作视频 \ 第 4 章 \4.10.2　创建合并分型面实例

打开一个模型文件，如图 4.80 所示。

本例参考模型分型面由一个复制分型面和一个填充分型面组成，这两个分型面需要通过合并分型面的操作，才能连接在一起成为一个完整的分型面。

图 4.80　模具文件

1. 选取命令

从模型树选取其中一个分型面，单击鼠标右键，打开"快捷菜单"，在快捷菜单中选择"重新定义分型面"选项，进入分型面创建模式，选取要合并的两个分型面，单击【合并】按钮⬚，打开"合并"操控板，如图 4.81 所示。

2. 选取要合并的分型面，指定合并方式

按住 Ctrl 键，分别选取复制分型面和填充曲面，接受操控板的缺省设置【相交】，调整合并方向，如图 4.82 所示。

3. 完成创建工作

单击操控板的 ✔ 按钮，完成分型面的合并工作。单击分型面右边工具栏的 ✔ 按钮，返回到模具设计界面。单击工具栏的【保存】按钮⬚，保存模具文件。

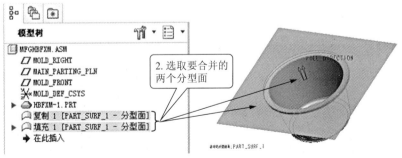

图 4.81　选取创建合并分型面命令

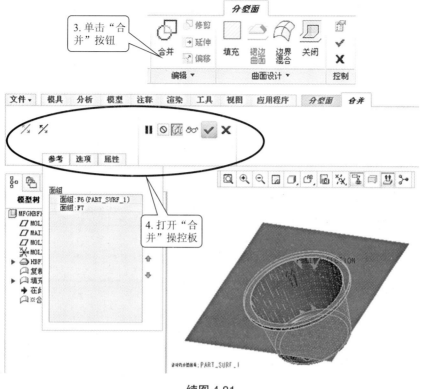

续图 4.81

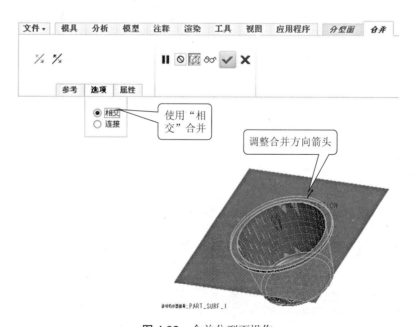

图 4.82 合并分型面操作

4.11 修剪分型面

从分型面中移除一部分曲面，得到特定形状的分型面，这个过程称为修剪分型面。

修剪分型面的方法包括：使用修剪工具修剪分型面；使用拉伸、旋转、扫描等建模特征修剪分型面。

4.11.1　使用修剪工具修剪分型面的操作要点

（1）选择要被修剪的分型面。

（2）单击【修剪】按钮 🗗，打开"修剪曲面"操控板，如图 4.83 所示。

（3）选择修剪对象。

（4）定义修剪选项内容。

（5）单击操控板的 ✔ 按钮，完成修剪曲面操作。

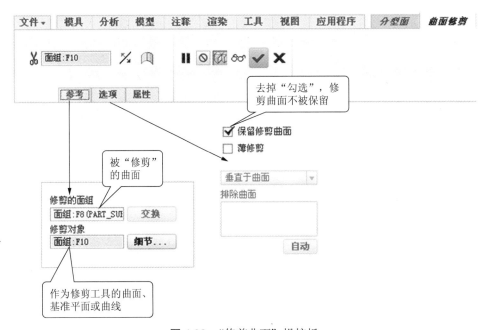

图 4.83　"修剪曲面"操控板

经验交流

　　使用拉伸、旋转、扫描等建模特征修剪分型面的操作要点与建模特征操作要点相同。通常情况下，建模特征修剪分型面使用较为广泛。

4.11.2　创建修剪分型面实例

素　　材	模型文件 \ 第 4 章 \ 范例源文件 \ 创建分型面 \ 修剪分型面 \xjfxm.asm
完成效果	模型文件 \ 第 4 章 \ 范例结果文件 \ 创建分型面 \ 修剪分型面 \xjfxm.asm
操作视频	操作视频 \ 第 4 章 \4.11.2　创建修剪分型面实例

　　下面介绍常用的"拉伸法"修剪分型面。

　　拉伸修剪操作可以使用草绘截面拉伸出修剪曲面，对已经存在的曲面进行修剪。其操作的要点与拉伸创建曲面基本相同，只是要在"拉伸"操控板中选中【拉伸为曲面】

按钮 ▱ 和【移除材料】按钮 ◿，并且指定要修剪的曲面。

打开一个模型文件，如图 4.84 所示。

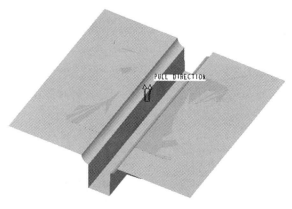

PULL DIRECTION

图 4.84　模型文件

1. 选取命令

Step01 从模型树选取要修剪的分型面，单击鼠标右键，打开"快捷菜单"，在快捷菜单中选择"重新定义分型面"选项，进入分型面创建模式。

Step02 单击【拉伸】按钮 ◿，打开"拉伸"操控板，【拉伸为曲面】按钮 ▱ 已经被选中，再单击【移除材料】按钮 ◿，如图 4.85 所示。

2. 选择草绘平面和方向

Step01 选择【放置】→【定义】，打开"草绘"对话框。在【平面】框中选择"MOLD_FRONT"平面作为草绘平面，在【参考】框中选择"MOLD_RIGHT"平面作为参考平面，在【方向】框中选择【左】，如图 4.86 所示。单击 草绘 按钮进入草绘模式。

Step02 进入草绘模式后，选择【草绘视图】按钮 ☞，定向草绘平面使其与屏幕平行。

3. 绘制矩形修剪截面

Step01 在分型面的右端任意绘制一个矩形。

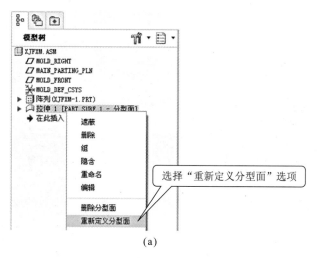

选择"重新定义分型面"选项

(a)

图 4.85　选取创建拉伸修剪分型面命令

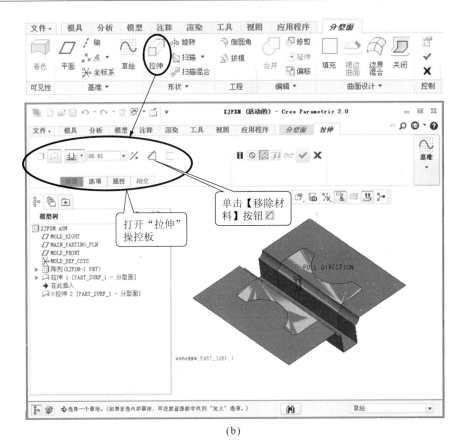

(b)

续图 4.85

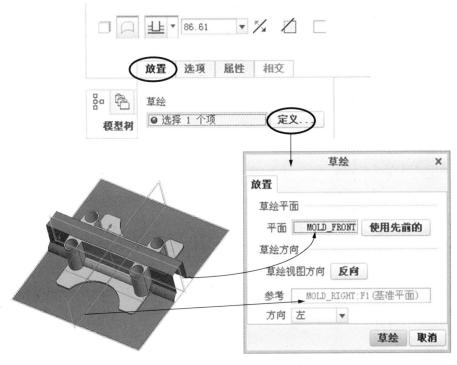

图 4.86　选择草绘平面和方向

Step02　单击【重合】按钮 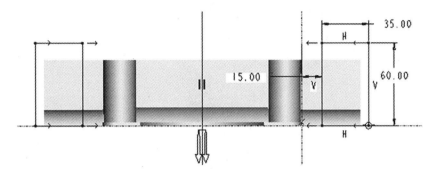，设置矩形底边与分型面底面重合。

Step03　选择【尺寸】按钮 ，设置矩形左侧与参考模型轮廓的距离为 15。

Step04　绘制一条中心线，然后选择【镜像】按钮 ，镜像出分型面的左端的矩形。

Step05　绘制出的截面如图 4.87 所示，单击草绘器工具栏的 ✔ 按钮退出草绘模式。

图 4.87　绘制矩形修剪截面

4. 指定被修剪的曲面、拉伸方式和深度

单击操控板中【面组】右框（修剪面组收集器），再单击分型面，指定要修剪的曲面。再单击【对称】 指定拉伸方式。可以观察到拉伸出的修剪曲面已经将分型面凸棱包括在内，不必再设置深度，如图 4.88 所示。

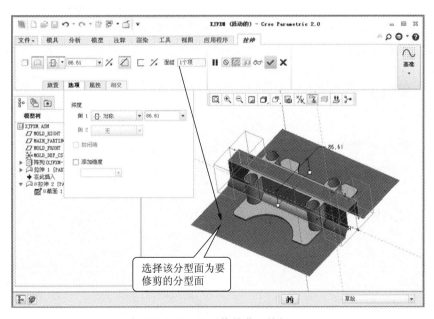

图 4.88　显示修剪曲面线框

5. 完成创建工作

单击操控板的 按钮，完成分型面的修剪工作，分型面形状如图 4.89 所示。单击分型面右边工具栏的 按钮，返回到模具设计界面。单击工具栏的【保存】按钮 ，保存模具文件。

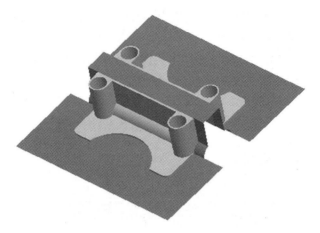

图 4.89　修剪后的分型面

4.12　分型面上破孔的修补

在 Creo 2.0 模具设计工作中，由于产品结构需要，一些参考模型在拔模方向会存在孔洞，导致复制出来的曲面不完整，因此要对分型面上的孔洞进行修补。

分型面上破孔的修补方法：通常使用复制曲面中的"排除曲面并填充孔"选项进行。操作要点参考"4.5.1　复制分型面的操作要点"。

分型面上破孔的分布情况：一种情况是破孔在同一曲面上分布；另一种情况是破孔不在同一曲面上分布。

4.12.1　破孔分布在同一曲面上的修补

素　　材	模型文件 \ 第 4 章 \ 范例源文件 \ 创建分型面 \ 分型面上破孔的修补 \mfgpkxb-1.asm
完成效果	模型文件 \ 第 4 章 \ 范例结果文件 \ 创建分型面 \ 分型面上破孔的修补 \mfgpkxb-1.asm
操作视频	操作视频 \ 第 4 章 \4.12.1　破孔分布在同一曲面上的修补

破孔在同一曲面上分布，可以直接选择该曲面作为要修补的曲面，系统会自动找出所有的孔进行修补。下面介绍具体的操作方法。

打开一个模具文件，如图 4.90 所示。

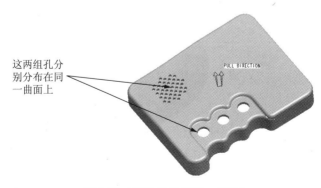

这两组孔分别分布在同一曲面上

图 4.90　破孔分布在同一曲面上

1. 选取命令

从"模具"工具栏中单击【分型面】按钮 ⌓ ，进入分型面创建模式，选取参考模型的一个外表面，使用快捷键:〈Ctrl+C〉→〈Ctrl+V〉，打开"曲面:复制"操控板，如图 4.91 所示。

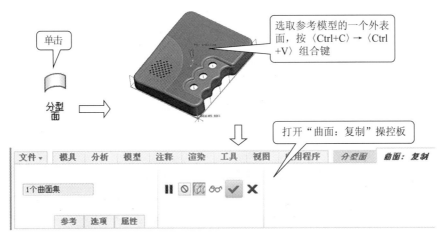

图 4.91　选取创建复制分型面命令

2. 选取要复制的曲面

按住 Ctrl 键，依次选择参考模型外表面，如图 4.92 所示。

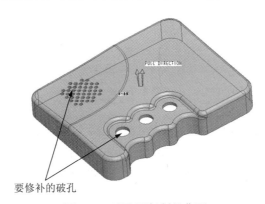

要修补的破孔

图 4.92　选取要复制的曲面

3. 修补分型面中的破孔

Step01 从操控板的【选项】面板中选择【排除曲面并填充孔】，如图 4.93 所示。或者单击右键，从快捷菜单中选择【排除曲面并填充孔】，如图 4.94 所示。

Step02 选择参考模型有破孔两个曲面（结合 Ctrl 键），可以观察到破孔被填充，设置成【着色】显示，可以单击操控板右边的【特征预览】按钮 ∞ 观察，如图 4.95 所示。

4. 完成复制分型面修补破孔的创建工作

单击操控板的 ✓ 按钮，完成复制分型面修补破孔的创建工作。单击分型面右边工具栏的 ✓ 按钮，返回到模具设计界面，单击工具栏的【保存】按钮 ▣ ，保存模具文件。

图 4.93　"曲面：复制"操控板

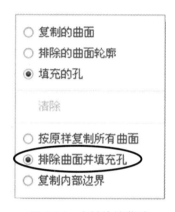

图 4.94　右键快捷菜单

4.12.2　破孔分布不在同一曲面上的修补

素　　材	模型文件 \ 第 4 章 \ 范例源文件 \ 创建分型面 \ 分型面上破孔的修补 \mfgpkxb-2.asm
完成效果	模型文件 \ 第 4 章 \ 范例结果文件 \ 创建分型面 \ 分型面上破孔的修补 \mfgpkxb-2.asm
操作视频	操作视频 \ 第 4 章 \4.12.2　破孔分布不在同一曲面上的修补

破孔不在同一曲面上分布，而是位于面与面的交线上，选取破孔上的任何一条边线，系统会自动为该破孔覆盖曲面。

打开一个模具文件，如图 4.96 所示。

1. 选取命令

从模具工具栏中单击【分型面】按钮 ，进入分型面创建模式，选取参考模型的一个外表面，使用快捷键：〈Ctrl+C〉→〈Ctrl+V〉，打开"曲面：复制"操控板，如图 4.97 所示。

2. 选取要复制的曲面

按住 Ctrl 键，依次选择参考模型内表面，如图 4.98 所示。

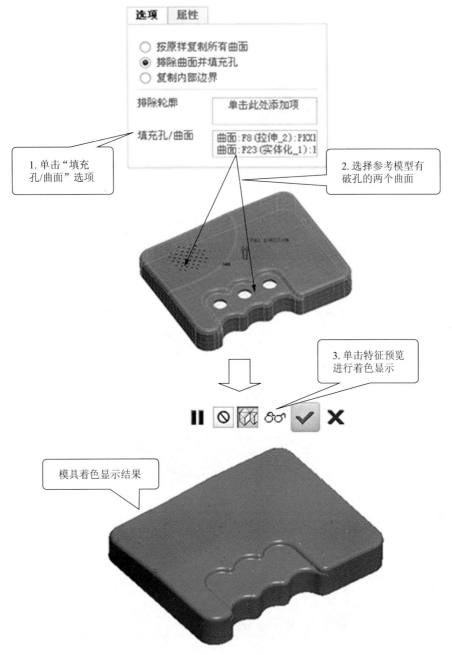

图 4.95 同一曲面上的破孔修补

3. 修补分型面中的破孔

Step01 从操控板的【选项】面板中选择【排除曲面并填充孔】，如图 4.99 所示。

Step02 按住 Ctrl 键，依次选取参考模型破孔上的一条边线，可以观察到破孔被填充，设置成【着色】显示，可以单击操控板右边的【特征预览】按钮 👓 观察，如图 4.100 所示。

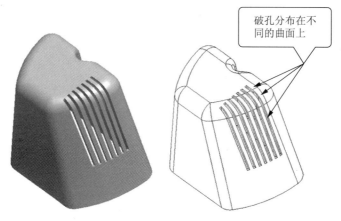

图 4.96　破孔不在同一曲面上分布

图 4.97　打开"曲面：复制"操控板

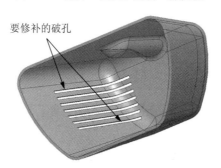

图 4.98　选取要复制的曲面

图 4.99　"曲面：复制"操控板

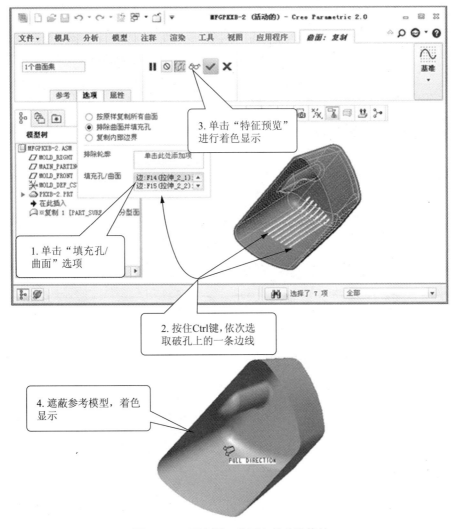

图 4.100　不在同一曲面上的破孔修补

4. 完成复制分型面修补破孔的创建工作

单击操控板的 ✓ 按钮，完成复制分型面修补破孔的创建工作。单击分型面右边工具栏的 ✓ 按钮，返回到模具设计界面，单击工具栏的【保存】按钮 🖫，保存模具文件。

4.13　关闭分型面

在 Creo 2.0 模具设计工作中，关闭分型面是创建分型面的一项新增功能，相当于 Pro/ENGINEER Wildfire 5.0 分型面上破孔的修补功能（即复制分型面中【排除曲面并填充孔】选项）。

4.13.1　关闭分型面的操作要点

（1）选择分型面命令。

（2）按住 Ctrl 键选取参考模型上要复制的曲面（包括要修补的破孔），选择【关闭】

按钮 ，打开"关闭分型面"操控板，如图 4.101 所示。

（3）单击操控板的 按钮，完成关闭分型面的创建工作。

图 4.101 "关闭分型面"操控板

4.13.2 创建关闭分型面实例

素 材	模型文件 \ 第 4 章 \ 范例源文件 \ 创建分型面 \ 分型面上破孔的修补 \mfgpkxb-2.asm
完成效果	模型文件 \ 第 4 章 \ 范例结果文件 \ 创建分型面 \ 关闭分型面 \mfgpkxb-2.asm
操作视频	操作视频 \ 第 4 章 \4.13.2　创建关闭分型面实例

打开一个模具文件，如图 4.102 所示。

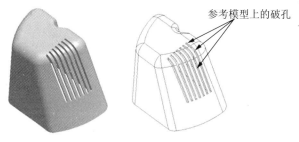

图 4.102 参考模型上存在破孔

1. 选取命令

从模具工具栏中单击【分型面】按钮 ，进入分型面创建模式，选取参考模型的一个内表面，选取【关闭】按钮 ，打开"关闭分型面"操控板，如图 4.103 所示。

2. 选取通孔周边的曲面

按住 Ctrl 键，依次选择参考模型内表面，如图 4.104 所示。

3. 创建关闭分型面

Step01 从操控板的【参考】面板中勾选【封闭所有内环】选项，可以观察到破孔被关闭，如图 4.105 所示。

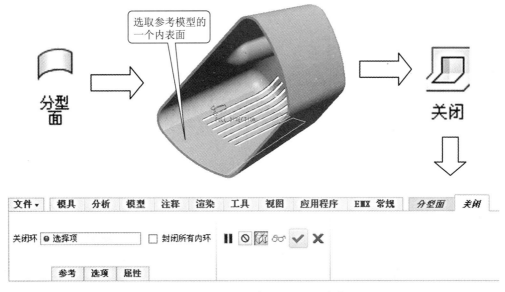

图 4.103　选取创建关闭分型面命令

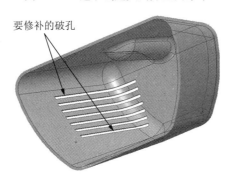

图 4.104　选取通孔周边的曲面

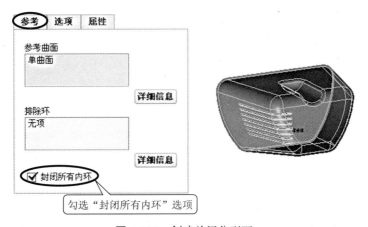

图 4.105　创建关闭分型面

Step02　单击操控板右边的【特征预览】按钮 ∞ 观察，设置成【着色】显示，如图 4.106 所示。

4. 完成关闭分型面的创建工作

单击操控板的 ✓ 按钮，完成关闭分型面的创建工作。单击分型面右边工具栏的 ✓

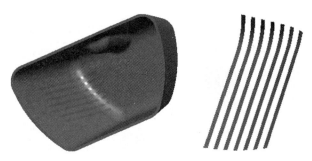

图 4.106　着色关闭分型面

按钮，返回到模具设计界面，单击工具栏的【保存】按钮 ▣，保存模具文件。

经验交流

对分型面上的孔洞进行修补的方法总结如下：

（1）使用复制曲面中的"排除曲面并填充孔"选项对分型面上的孔洞进行修补。

（2）使用"关闭"方法对分型面上的孔洞进行修补。

使用"关闭"方法对分型面上的孔洞进行修补时，无论分型面上的破孔分布在同一曲面上还是分布在不同曲面上，从操控板的【参考】面板中勾选【封闭所有内环】选项就可以对分型面上的所有孔洞进行修补，但孔洞周边的曲面不会被复制。

4.14　分型面设计综合实例 1——手机上盖

素　材	模型文件 \ 第 4 章 \ 范例源文件 \ 创建分型面 \ 分型面设计综合实例 \mfgsl-1.asm
完成效果	模型文件 \ 第 4 章 \ 范例结果文件 \ 创建分型面 \ 分型面设计综合实例 \mfgsl-1.asm
操作视频	操作视频 \ 第 4 章 \4.14　分型面设计综合实例 1——手机上盖

打开一个模具文件，如图 4.107 所示。

图 4.107　手机上盖模具文件

手机上盖分型面设计方案分为 3 个步骤：

（1）使用"复制"法，创建手机上盖内表面复制分型面，并填充分型面中的通孔。

（2）使用"填充"法创建填充分型面。

（3）最后将复制分型面和填充分型面合并成一个完整的分型面。

4.14.1 创建复制分型面

1. 选取命令

从模具工具栏中单击【分型面】按钮 ⬚，进入分型面创建模式，选取参考模型的一个内表面，使用快捷键 :〈Ctrl+C〉→〈Ctrl+V〉，打开"曲面：复制"操控板，如图 4.108 所示。

图 4.108 选取创建复制分型面命令

2. 选取要复制的曲面

按住 Ctrl 键，依次选择参考模型的内表面，如图 4.109 所示。

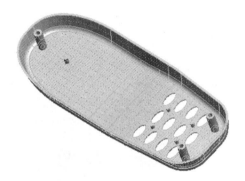

图 4.109 选取要复制的曲面

3. 排除分型面中没有被填充的孔

Step01 从操控板的【选项】面板中选择【排除曲面并填充孔】，如图 4.110 所示。或者单击右键，从快捷菜单中选择【排除曲面并填充孔】，如图 4.111 所示。

图 4.110 "曲面：复制"操控板

Step02 选择参考模型椭圆孔表面，可以观察到椭圆孔被填充，如图 4.112 所示。设置成【着色】显示，可以单击操控板右边的【查看连接几何的模式】按钮 👓 观察。

图 4.111 右键快捷菜单

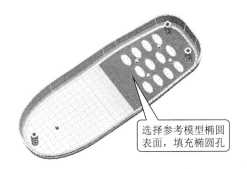

图 4.112 排除曲面并填充孔

4. 完成复制分型面创建工作

单击操控板的 ✓ 按钮，完成复制分型面的创建工作，如图 4.113 所示（遮蔽了参考模型），"模型树"中出现复制分型面的名称。

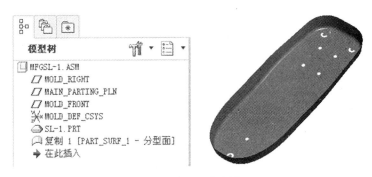

图 4.113 创建出的复制分型面

4.14.2 创建填充分型面

1. 选取命令

从分型面工具栏中单击【填充】按钮 ▫，打开"填充"操控板，如图 4.114 所示。

图 4.114 选取创建填充分型面命令

2. 选择草绘平面和方向

选择【参考】→【定义】，打开"草绘"对话框。在【平面】框中选择"参考模型下表面"作为草绘平面，在【参考】框中选择"RIGHT"平面作为参考平面，在【方向】框中选择【顶】，如图 4.115 所示。单击 草绘 按钮进入草绘模式。

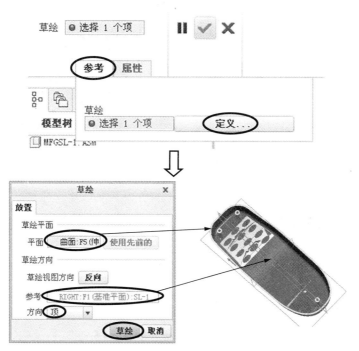

图 4.115　选择草绘平面和方向

进入草绘模式后，选择【草绘视图】按钮 ，定向草绘平面使其与屏幕平行。

3. 绘制分型面截面

沿参考模型中心绘制填充分型面截面，使填充分型面截面以参考模型中心呈对称分布。方法如下：

Step01 单击【中心线】按钮 ，绘制两条中心线。

Step02 标注填充分型面截面的长度尺寸为"200"，宽度尺寸为"100"。200mm 和 100mm 为后面要创建的工件模型的长度和宽度尺寸，如图 4.116 所示。

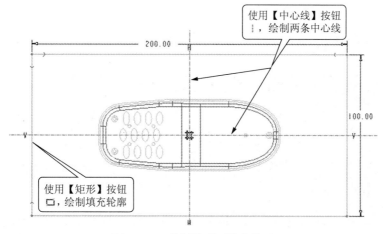

图 4.116　绘制分型面填充截面

Step03 单击草绘工具栏的 ✔ 按钮，退出草绘模式。

Step04 返回到"填充"操控板，在图形窗口预览填充分型面，如图 4.117 所示。

4.完成创建工作

单击操控板的 ✓ 按钮，完成填充分型面的创建工作，分型面形状如图 4.118 所示。

图 4.117　预览分型面　　　　　　　　　　图 4.118　填充分型面

4.14.3　合并分型面

1. 选取命令

在图形窗口选取复制分型面和填充分型面（结合 Ctrl 键），单击【合并】按钮 ⬡，打开"合并"操控板，如图 4.119 所示。

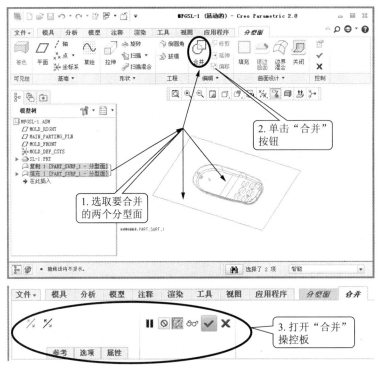

图 4.119　选取创建合并分型面命令

2. 指定合并方式

选取要合并的分型面后，单击操控板的"选项"上滑板，接受缺省设置【相交】，调整合并方向，如图 4.120 所示。

3. 完成创建工作

单击操控板的 ✓ 按钮，完成分型面的合并工作。单击分型面右边工具栏的 ✓ 按钮，返回到模具设计界面。单击工具栏的【保存】按钮 📄，保存模具文件。

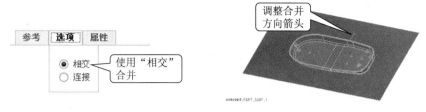

图 4.120　合并分型面操作

4.15　分型面设计综合实例 2——显示屏外壳

素　　材	模型文件 \ 第 4 章 \ 范例源文件 \ 创建分型面 \ 分型面设计综合实例 \mfgsl-2.asm
完成效果	模型文件 \ 第 4 章 \ 范例结果文件 \ 创建分型面 \ 分型面设计综合实例 \mfgsl-2.asm
操作视频	操作视频 \ 第 4 章 \4.15　分型面设计综合实例 2——显示屏外壳

打开一个模具文件，如图 4.121 所示。

显示屏外壳分型面设计方案分为 6 个步骤。

（1）使用"关闭"法，创建显示屏外壳内表面通孔的关闭分型面。

（2）使用"复制"法，创建显示屏外壳内表面的复制分型面。

（3）使用"合并"法，将关闭分型面和复制分型面合并成一个分型面。

（4）使用"延伸"法，将合并好的分型面进行两次延伸，得到符合参考模型的分型面。

（5）使用"拉伸"法，创建拉伸分型面。

（6）将拉伸分型面和步骤（4）所得到分型面合并成一个完整的显示屏外壳分型面。

图 4.121　显示屏外壳模具文件

4.15.1　创建关闭分型面

1. 选取命令

从模具工具栏中单击【分型面】按钮 📄，进入分型面创建模式，选取参考模型的一个内表面，选取【关闭】按钮 📄，打开"关闭分型面"操控板，如图 4.122 所示。

图 4.122　选取创建关闭分型面命令

2. 选取通孔周边的曲面

按住 Ctrl 键，依次选择参考模型的内表面，如图 4.123 所示。

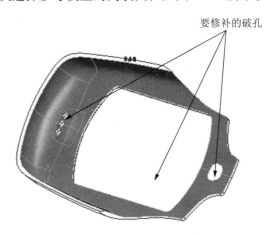

要修补的破孔

图 4.123　选取通孔周边的曲面

3. 创建关闭分型面

Step01 从操控板的【参考】面板中勾选【封闭所有内环】选项，可以观察到破孔被关闭，如图 4.124 所示。

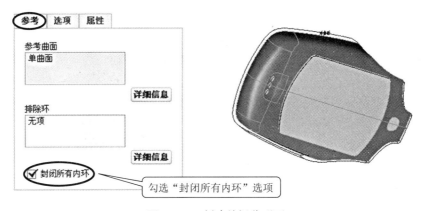

勾选"封闭所有内环"选项

图 4.124　创建关闭分型面

Step02 单击操控板右边的【特征预览】按钮 ∞ 观察，设置成【着色】显示，如图 4.125 所示。

4. 完成关闭分型面的创建工作

单击操控板的 ✓ 按钮，完成关闭分型面的创建工作。

4.15.2　创建复制分型面

1. 选取命令

在图形窗口选取参考模型的一个内表面，使用快捷键：〈Ctrl+C〉→〈Ctrl+V〉，打开"曲面：复制"操控板，如图 4.126 所示。

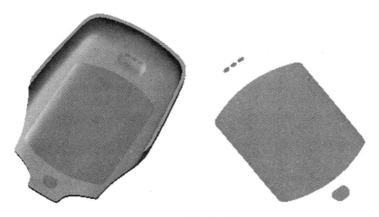

图 4.125 着色关闭分型面

图 4.126 选取创建复制分型面命令

2. 选取要复制的曲面

按住 Ctrl 键，依次选择参考模型内表面，如图 4.127 所示。

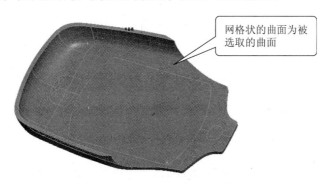

> 网格状的曲面为被
> 选取的曲面

图 4.127 选取要复制的曲面

3. 完成复制分型面创建工作

单击操控板的 ☑ 按钮，完成复制分型面的创建工作，如图 4.128 所示（遮蔽了参考模型），"模型树"中出现复制分型面的名称。

4.15.3 合并分型面 1

1. 选取命令

在图形窗口选取关闭分型面和复制分型面（结合 Ctrl 键），单击【合并】按钮 ，打开"合并"操控板，如图 4.129 所示。

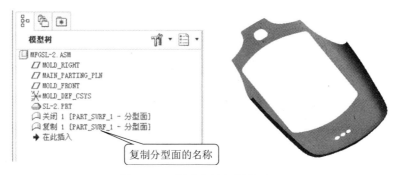

图 4.128　创建出的复制分型面

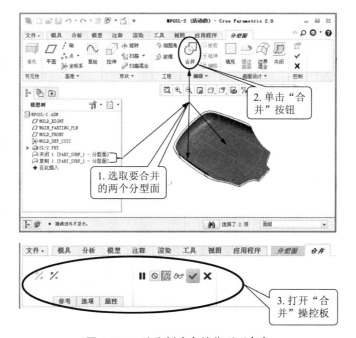

图 4.129　选取创建合并分型面命令

2. 指定合并方式

选取要合并的分型面后，单击操控板的"选项"上滑板，接受缺省设置【相交】，如图 4.130 所示。

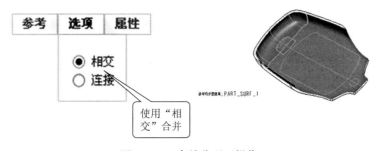

图 4.130　合并分型面操作

3. 完成创建工作

单击操控板的 ✓ 按钮，完成分型面的合并工作。

4.15.4 延伸分型面

1. 选取命令

在图形窗口选取分型面的任意一条边界,单击【延伸】按钮 ,打开"延伸"操控板,如图 4.131 所示。

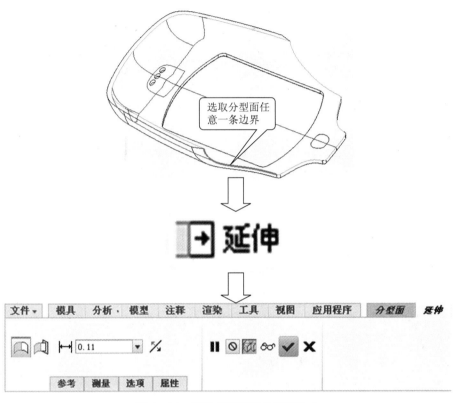

图 4.131 选取创建延伸分型面命令

经验交流

"延伸分型面"是对已存在的分型面进行延伸,在选取曲面边界进行延伸时,选取的边界应在分型面上,而不是参考模型上的边界。为了避免参考模型边界与分型面边界发生重叠引起选择困难,在选取分型面边界之前,将参考模型进行遮蔽处理,或在要选取的曲面边界上单击鼠标右键,方便选取分型面的边界。

2. 指定延伸曲面的边界、延伸方式和要延伸到的平面

Step01 在要选取的曲面边界上单击鼠标右键,选取分型面轮廓线的一条边,然后按住 Shift 键,依次选择其他边,指定为要延伸分型面的边界链,如图 4.132 所示。

Step02 单击【将曲面延伸到参考平面】按钮 ,指定沿垂直的方向延伸边界链。

Step03 选择基准平面,指定为分型面要延伸到的平面,如图 4.133 所示。

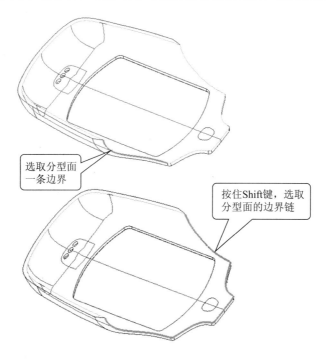

图 4.132 选取分型面的边界链

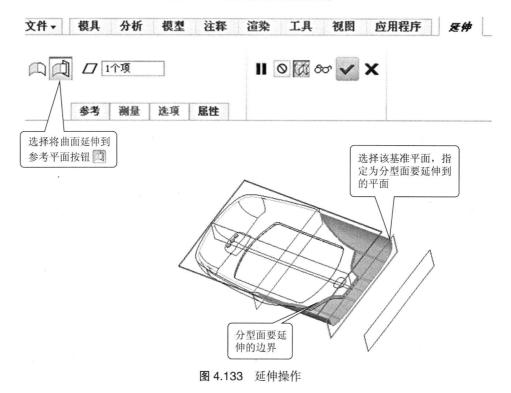

图 4.133 延伸操作

3. 完成创建工作

单击操控板的 按钮，创建出垂直于基准平面的延伸曲面，完成分型面的第一次延伸工作。重复上述步骤，继续对刚延伸好的分型面的边界链进行延伸，得到符合参考模型的延伸分型面，如图 4.134 所示。

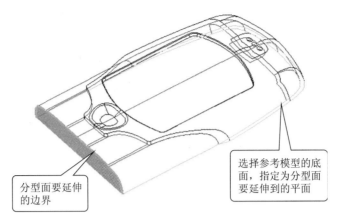

选择参考模型的底面，指定为分型面要延伸到的平面

分型面要延伸的边界

图 4.134 第二次延伸

4.15.5 创建拉伸分型面

1. 选取命令

从分型面工具栏中单击【拉伸】按钮 ⬚，打开"拉伸"操控板，如图 4.135 所示。

图 4.135 选取创建拉伸分型面命令

2. 选择草绘平面和方向

选择【放置】→【定义】，打开"草绘"对话框。在【平面】框中选择"FRONT"平面作为草绘平面，在【参考】框中选择"RIGHT"平面作为参考平面，在【方向】框中选择【右】，如图 4.136 所示。单击 草绘 按钮进入草绘模式。

进入草绘模式后，选择【草绘视图】按钮 🔄，定向草绘平面使其与屏幕平行。

3. 绘制分型面截面

沿参考模型底部轮廓边界绘制分型面截面，使分型面和参考模型之间没有间隙。方法如下。

Step01 单击【线】按钮 ⌃，绘制出轮廓端点直线。

Step02 使用轮廓线的外端点标注长度尺寸为"150"，左侧端到参考模型的距离为"35"，150mm 为后面要创建的工件模型的长度尺寸，如图 4.137 所示。

Step03 单击草绘工具栏的 ✔ 按钮退出草绘模式。

4. 指定拉伸方式和深度

在"拉伸"操控板中选择【对称】 ⬚，然后输入拉伸深度"100"，100mm 为后面要创建的工件模型的宽度尺寸，在图形窗口预览拉伸出的分型面，如图 4.138 所示。

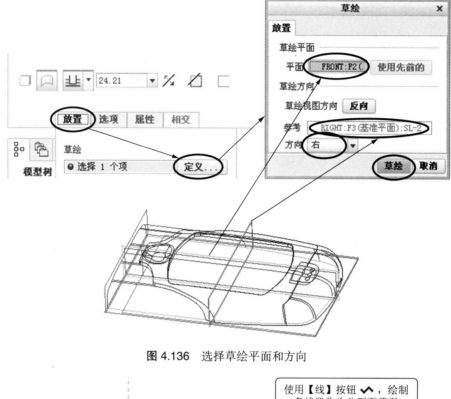

图 4.136　选择草绘平面和方向

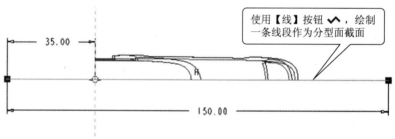

图 4.137　绘制分型面拉伸截面

5. 完成创建工作

单击操控板的 ✅ 按钮，完成分型面的创建工作。

4.15.6　合并分型面 2

1. 选取命令

在图形窗口选取拉伸分型面和上述步骤做好的分型面（结合 Ctrl 键），单击【合并】按钮 🔲，打开"合并"操控板，如图 4.139 所示。

2. 指定合并方式

选取要合并的分型面后，单击操控板的"选项"上滑板，接受缺省设置【相交】，调整合并方向箭头，如图 4.140 所示。

3. 完成创建工作

单击操控板的 ✅ 按钮，完成分型面的合并工作，创建好的显示屏外壳的分型面如

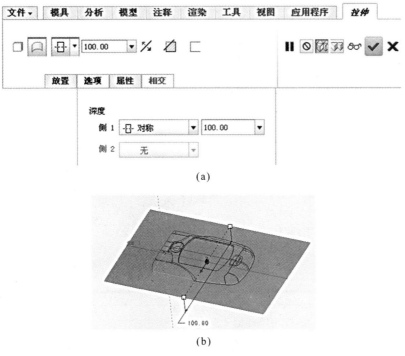

(a)

(b)

图 4.138 预览分型面

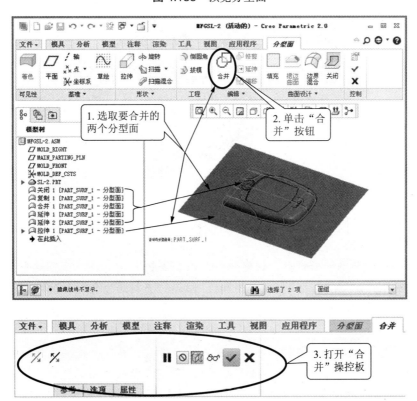

图 4.139 选取创建合并分型面命令

图 4.141 所示。单击分型面右边工具栏的 ☑ 按钮,返回到模具设计界面。单击工具栏的【保存】按钮 🔲,保存模具文件。

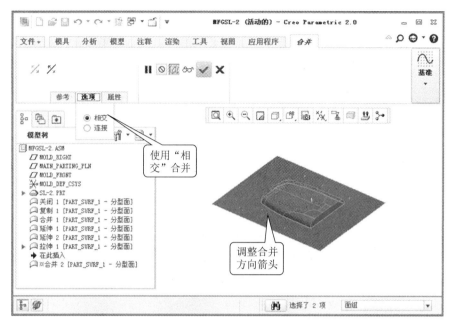

图 4.140　合并分型面操作

图 4.141　显示屏外壳的分型面

 学习方法总结

　　在 Creo 2.0 模具设计工作中，创建分型面的方法包括："拉伸"法创建分型面、"填充"法创建分型面、"复制"法创建分型面、"阴影"法创建分型面、"裙边"法创建分型面、"延伸"法创建分型面、"合并"法创建分型面、"修剪"法创建分型面、"关闭"法创建分型面共 9 种方法。

　　其中，"拉伸"法创建分型面、"填充"法创建分型面、"复制"法创建分型面、"阴影"法创建分型面、"裙边"法创建分型面和"关闭"法创建分型面为创建分型面的主要方法，"延伸"法创建分型面、"合并"法创建分型面、"修剪"法创建分型面为创建分型面的辅助方法，是创建分型面的重要组成部分。

　　"拉伸"、"填充"和"复制"为创建分型面的最常用方法；"延伸"、"合并"和"修剪"为创建分型面的常用方法；"阴影"和"裙边"法创建分型面在特定壳体零件情况下使用，

"关闭"法创建分型面为 Creo 2.0 的新增功能。

思考与练习

1. 分型面的形式有哪些?
2. 简述分型面的设计原则。
3. 简述 Creo 2.0 分型面的创建方法。
4. 简述 Creo 2.0 编辑分型面的意义。
5. 打开模型文件中"第 4 章 \ 思考与练习源文件 \ex04-1.prt",如图 4.142 所示。使用"填充"方法创建分型面,分型面长、宽为 200mm×200mm,创建好的分型面如图 4.143 所示。结果文件请参看模型文件中"第 4 章 \ 思考与练习结果文件 \ex04-1.asm"。

图 4.142

图 4.143

6. 打开模型文件中"第 4 章 \ 思考与练习源文件 \ex04-2.prt",如图 4.144 所示。使用"复制"、"填充"、"合并"方法创建分型面,分型面长、宽为 250mm×150mm,创建好的分型面如图 4.145 所示。结果文件请参看模型文件中"第 4 章 \ 思考与练习结果文件 \ex04-2.asm"。

7. 打开模型文件中"第 4 章 \ 思考与练习源文件 \ex04-3.prt",如图 4.146 所示。使用"拉伸"方法创建分型面,分型面长、宽为 250mm×150mm,创建好的分型面如图 4.147 所示。

结果文件请参看模型文件中"第 4 章 \ 思考与练习结果文件 \ex04-3.asm"。

8. 打开模型文件中"第 4 章 \ 思考与练习源文件 \ex04-4.prt",如图 4.148 所示。使用"复制"、"延伸"、"拉伸"、"合并"、"曲面复制"方法创建分型面,分型面外径为 ϕ 550mm,创建好的分型面如图 4.149 所示。结果文件请参看模型文件中"第 4 章 \ 思考与练习结果文件 \ex04-4.asm"。

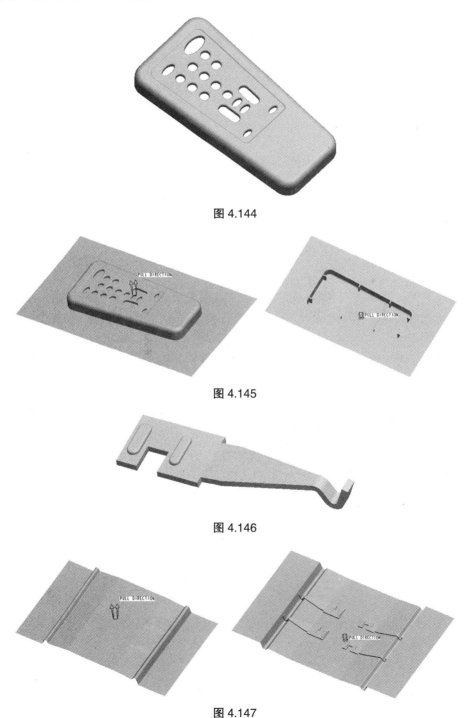

图 4.144

图 4.145

图 4.146

图 4.147

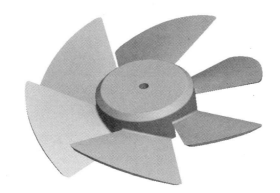

图 4.148

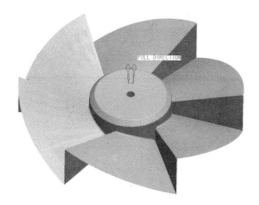

图 4.149

第5章

创建体积块和模具元件

模具体积块是一个占有空间但无实体材料的曲面面组。利用分型面可以将工件模型分割成几个体积块，通过对体积块的"抽取"操作（即用实体材料填充模具体积块）可以将模具体积块转换成实体的模具元件，模具的动模、定模等都是从体积块得来的，因此模具体积块是从工件模型中产生模具元件的一个中间过程。

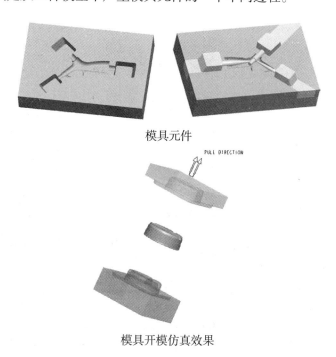

模具元件

模具开模仿真效果

5.1　使用"分割"方式创建体积块

Creo 2.0 提供了两种创建模具体积块的方式：一种是"分割"方式，即通过分型面或体积块分割工件或已存在的体积块，产生一个或两个新的体积块。另一种是"直接"方式，即直接创建体积块，在建立滑块时，这种方法使用较多。

5.1.1　使用"分割"方式创建体积块的操作要点

1. 选取命令

打开一个模具文件，从"模具"工具栏单击【模具体积块】→【 ▼ 】→【体积块分割】按钮 ⊟，如图 5.1 所示。

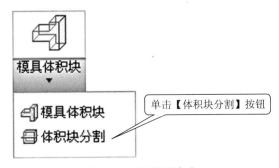

图 5.1　选取分割命令

2. 选择分割方式

选取命令后，菜单管理器中显示"分割体积块"菜单，如图 5.2 所示。可以在"分割体积块"菜单中选择分割方式。

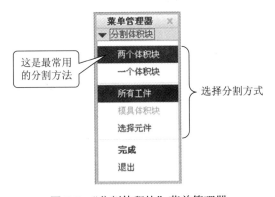

图 5.2　"分割体积块"菜单管理器

【两个体积块】：将工件模型或已有的体积块分割为两个新的体积块，因此要分别对每一个体积块进行命名，这也是最常用的分割方法。

【一个体积块】：将工件模型或者已有的体积块分割为两个体积块，但只新建一个体积块，只需要对新建的体积块进行命名。

【所有工件】选项：将所有工件模型的几何添加到一起，并从其总和中抽取所有参考模型几何。

【模具体积块】：如果已经对工件模型进行了分割，那么下一次分割只能对已有的体积块进行操作，系统提供了"搜索工具"对话框来选取要分割的体积块。

【选取元件】：指定组件中要分割的任何零件（参考模型除外）。

注意：如果选择【两个体积块】→【所有工件】→【完成】，系统将打开"分割"对话框和"选择"对话框，如图 5.3 和图 5.4 所示。

图 5.3　"分割"对话框　　　　　图 5.4　"选择"对话框

3. 选取分型面

选择工件模型中创建好的分型面（选中后呈绿色）作为分割平面，如图 5.5 所示，依次单击"选择"对话框和"分割"对话框的 [确定] 按钮，系统分割出和加亮显示第一个体积块，并打开"属性"对话框，显示体积块的缺省名称"MOLD_VOL_1"，如图 5.6 所示。

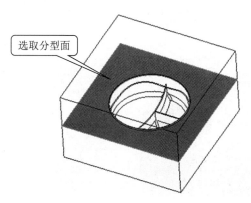

图 5.5　选取分型面

图 5.6　"属性"对话框

4. 创建第一个体积块

单击 着色 按钮，系统在图形窗口中单独显示该体积块的着色图，可以准确判断是什么模具元件的体积块。通常将体积块的缺省名称"MOLD_VOL_1"修改成需要的名称，然后单击 确定 按钮，完成第一个体积块的分割工作。

5. 创建第二个体积块

接着系统自动分割出第二个体积块，再次打开"属性"对话框，要求输入体积块的名称。输入名称后，单击 确定 按钮，系统完成第二个体积块的分割工作。

经验交流

多数模具有多个模具元件，不仅有动模和定模，而且有镶件、滑块等，可以形成多组分型面，通过相关的分型面可以继续分割出其他模具元件的体积块。

5.1.2　使用"分割"方式创建两个体积块

素　　材	模型文件 \ 第 5 章 \ 范例源文件 \mfgtmfh.asm
完成效果	模型文件 \ 第 5 章 \ 范例结果文件 \ 创建体积块 \mfgtmfh.asm
操作视频	操作视频 \ 第 5 章 \5.1.2　使用"分割"方式创建两个体积块

下面介绍使用填充分型面 分割体积块的操作步骤。打开一个模具文件，如图 5.7 所示。

1. 选取命令

从模具工具栏单击【模具体积块】→【 ▼ 】→【体积块分割】按钮 ▣，打开"分割体积块"菜单管理器，如图 5.8 所示。

图 5.7　模具文件

图 5.8　"分割体积块"菜单

2. 选择分割方式

选择【两个体积块】→【所有工件】→【完成】，打开"分割"对话框和"选择"对话框，要求选取分型面，如图 5.9 所示。

图5.9 "分割"与"选择"对话框

3. 选取分型面

选择工件模型中已经创建好的分型面,选中后呈绿色,依次单击"选择"对话框和"分割"对话框的 [确定] 按钮,系统加亮显示第一个体积块,并打开"属性"对话框,要求输入体积块的名称,如图 5.10 所示。

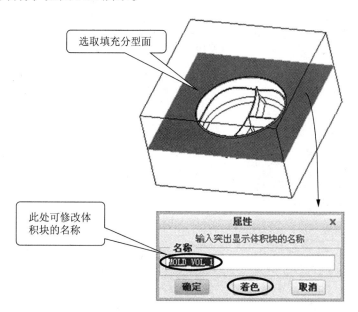

图5.10 选取分型面与"属性"对话框

4. 创建第一个体积块

单击 [着色] 按钮,图形窗口中显示定模体积块的着色图,如图5.11所示。因此将【名称】框的 "MOLD_VOL_1" 改为 "tmfh-sm",表示定模(也称为上模),然后单击 [确定] 按钮,完成定模的分割工作。

5. 创建第二个体积块

完成定模的分割工作后,系统再次打开"属性"对话框,要求输入第二个体积块的名称。单击 [着色] 按钮,图形窗口中显示动模体积块的着色图,将其反转过来,如图5.12所示,因此将 "MOLD_VOL_1" 改为 "tmfh-sm",表示动模(也称为下模)。

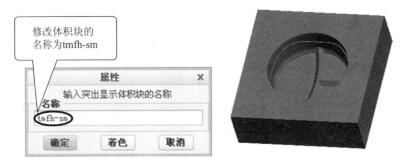

图 5.11 定模着色图

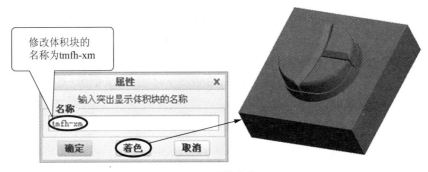

图 5.12 动模着色图

单击 [确定] 按钮，完成动模的分割工作。"模型树"中会显示两个体积块分割标识，如图 5.13 所示。

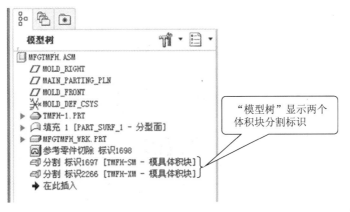

图 5.13 体积块分割标识

6. 保存模具文件

单击"快速访问"工具栏的【保存】按钮 ，保存"mfgtmfh.asm"模具文件。

5.1.3 使用"分割"方式创建多个体积块

素 材	模型文件 \ 第 5 章 \ 范例源文件 \mfgsb.asm
完成效果	模型文件 \ 第 5 章 \ 范例结果文件 \ 创建体积块 \mfgsb.asm
操作视频	操作视频 \ 第 5 章 \5.1.3 使用"分割"方式创建多个体积块

打开一个模具文件，如图 5.14 所示。

本例手柄模具文件包括 3 个滑块分型面和一个填充分型面。下面以手柄模具文件为例，来说明使用多组分型面分割体积块的操作步骤。

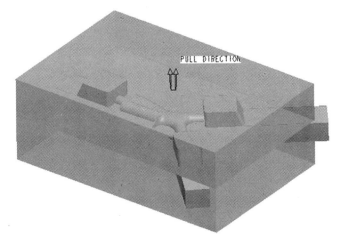

图 5.14 模具文件

1. 创建第一个滑块体积块

Step01 选取命令。

从模具工具栏单击【模具体积块】→【▼】→【体积块分割】按钮 ⊞，打开"分割体积块"菜单，如图 5.15 所示。

Step02 选择分割方式。

选择【两个体积块】→【所有工件】→【完成】，打开"分割"对话框和"选择"对话框，要求选取分型面，如图 5.16 所示。

Step03 选取分型面。

选择工件模型中已经创建好的第一个滑块分型面，选中后呈绿色，依次单击"选择"对话框和"分割"对话框的 确定 按钮，系统加亮显示第一个体积块，并打开"属性"对话框，要求输入体积块的名称，如图 5.17 所示。

图 5.15 "分割体积块"菜单

图 5.16 "分割"与"选择"对话框

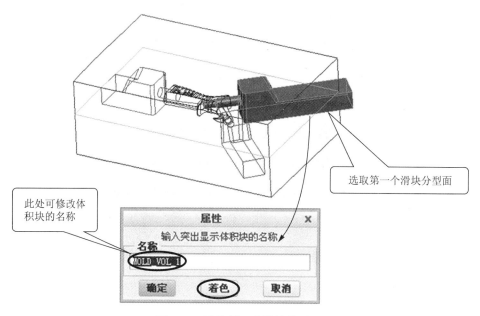

图 5.17　选取第一个滑块分型面

Step04　创建第一个体积块。

单击 着色 按钮，图形窗口中显示除去第一个滑块后的体积块着色图，如图 5.18 所示。因此将【名称】框的 "MOLD_VOL_1" 改为 "sb–sm"，然后单击 确定 按钮，完成除去第一个滑块后的体积块的分割工作。

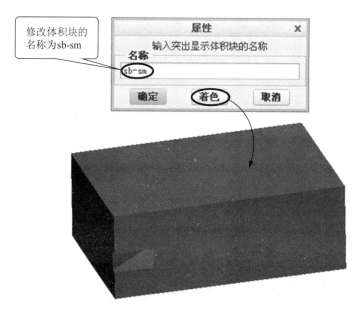

图 5.18　除去第一个滑块后的体积块着色图

经验交流

除去第一个滑块后的体积块，其名称可以改为最终的动模或定模名称，例如此处的名称改为 "sb–sm"（表示最终的定模），最后主分型面分割剩下的体积块就表示动模。

Step05 创建第二个体积块。

完成除去第一个滑块后的体积块的分割工作后，系统再次打开"属性"对话框，要求输入第二个体积块的名称。单击 着色 按钮，图形窗口中显示第一个滑块体积块的着色图，如图 5.19 所示，因此将"MOLD_VOL_1"改为"sb–hk1"，表示第一个滑块。

图 5.19 第一个滑块着色图

2. 创建第二个滑块体积块

Step01 选取命令。

从模具工具栏单击【模具体积块】→【▼】→【体积块分割】按钮 ⊟，打开"分割体积块"菜单，如图 5.20 所示。

Step02 选择分割方式。

从菜单中选择【一个体积块】→【模具体积块】→【完成】，打开【搜索工具】对话框，如图 5.21 所示。选择【项目】栏中的体积块"F31（SB-SM）"，单击 >> 按钮，将其移动到右边的选择【项目】栏中。单击 关闭 按钮关闭对话框，系统打开"分割"对话框和"选择"对话框，并要求选择分型面，如图 5.22 所示。

Step03 选取分型面。

选择工件模型中的第二个滑块分型面，单击"选择"对话框中的 确定 按钮，系统打开"岛列表"菜单，如图 5.23 所示。选取"岛 2"，然后单击【完成选择】选项，再单击"分割"对话框中的 确定 按钮，系统打开"属性"对话框，要求输入体积块的名称，如图 5.24 所示。

图 5.20 "分割体积块"菜单

Step04 创建第二个滑块体积块。

单击 着色 按钮，图形窗口中显示第二个滑块的体积块着色图，如图 5.25 所示，因此将【名称】框的"MOLD_VOL_1"改为"SB-HK2"表示第二个滑块，然后单击 确定 按钮，完成第二个滑块的分割工作。

3. 创建第三个滑块体积块

Step01 选取命令。

从模具工具栏单击【模具体积块】→【▼】→【体积块分割】按钮 ⊟，打开"分割体积块"菜单，如图 5.20 所示。

Step02 选择分割方式。

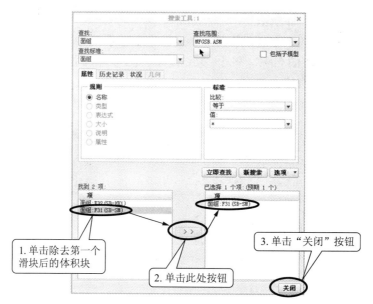

图 5.21　"搜索工具"对话框

图 5.22　"分割"与"选择"对话框

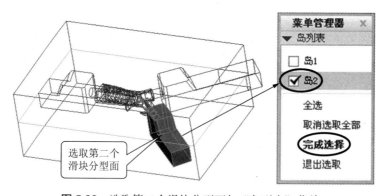

图 5.23　选取第二个滑块分型面与"岛列表"菜单

从菜单中选择【一个体积块】→【模具体积块】→【完成】，打开【搜索工具】对话框，如图 5.26 所示。选择【项】栏中的体积块 "F31（SB-SM）"，单击 >> 按钮，将其移动到右边的选择【项】栏中。单击 关闭 按钮关闭对话框，系统打开"分割"对话框和"选择"对话框，并要求选择分型面，如图 5.22 所示。

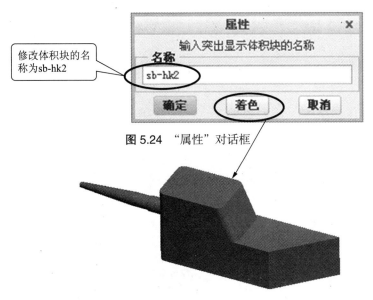

图 5.24 "属性"对话框

图 5.25 第二个滑块着色图

图 5.26 "搜索工具"对话框

Step03 选取分型面。

选择工件模型中的第三个滑块分型面，单击"选择"对话框中的 确定 按钮，系统打开"岛列表"菜单，如图 5.27 所示。选取"岛 2"，然后单击【完成选择】选项，再单击"分割"对话框中的 确定 按钮，系统打开"属性"对话框，要求输入体积块的名称，如图 5.28 所示。

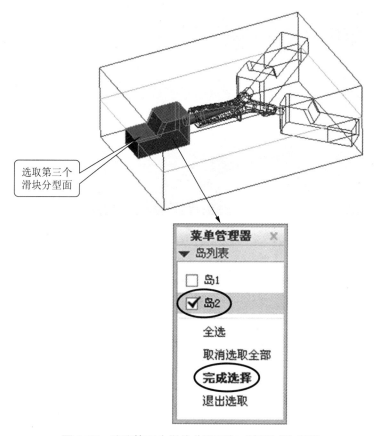

选取第三个
滑块分型面

图 5.27　选取第三个滑块分型面与"岛列表"菜单

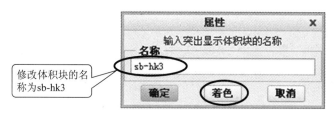

修改体积块的名
称为sb-hk3

图 5.28　"属性"对话框

💡 **经验交流**

当一副模具有多个滑块或镶件分型面时，可使用鼠标右键方便选取滑块或镶件分型面。本例在第三个滑块上单击鼠标右键，第三个滑块颜色加量，再单击鼠标左键选取即可。

Step04 创建第三个滑块体积块。

单击 着色 按钮，图形窗口中显示第三个滑块的体积块着色图，如图 5.29 所示，因此将【名称】框的"MOLD_VOL_1"改为"sb-hk3"表示第三个滑块，然后单击 确定 按钮，完成第三个滑块的分割工作。

4. 创建动模和定模体积块

Step01　选取命令。

从模具工具栏单击【模具体积块】→【 ▼ 】→【体积块分割】按钮 🖳，打开"分割体积块"菜单，如图 5.30 所示。

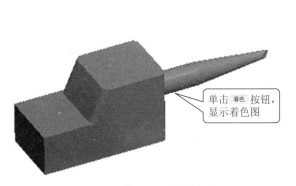

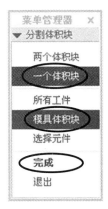

图 5.29　第三个滑块着色图　　　　　　　图 5.30　"分割体积块"菜单

Step02　选择分割方式。

从菜单中选择【一个体积块】→【模具体积块】→【完成】，打开【搜索工具】对话框，如图 5.31 所示。选择【项】栏中的体积块"F31（sb–sm）"，单击 〔 >> 〕 按钮，将其移动到右边的选择【项】栏中。单击 〔关闭〕 按钮关闭对话框，系统打开"分割"对话框和"选择"对话框，并要求选择分型面，如图 5.32 所示。

Step03　选取分型面。

选择工件模型中的动模和定模的主分型面，单击"选择"对话框中的 〔确定〕 按钮，系统打开"岛列表"菜单，如图 5.33 所示。选取"岛 2"，然后单击【完成选择】选项，

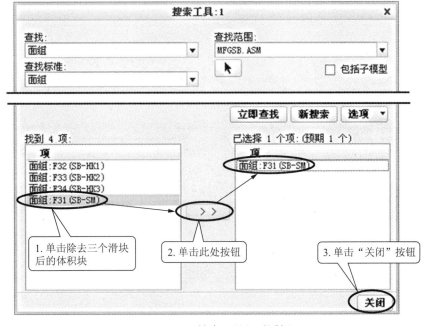

图 5.31　"搜索工具"对话框

173

图 5.32　"分割"与"选择"对话框

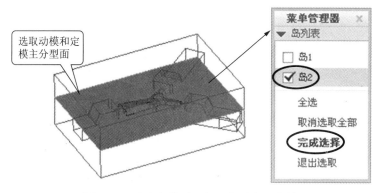

图 5.33　选取主分型面与"岛列表"菜单

再单击"分割"对话框中的 确定 按钮,系统打开"属性"对话框,要求输入体积块的名称,如图 5.34 所示。

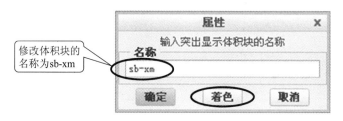

图 5.34　"属性"对话框

Step04 创建动模体积块。

单击 着色 按钮,图形窗口中显示动模的体积块着色图,如图 5.35 所示,因此将【名称】框的"MOLD_VOL_1"改为"sb-xm"表示动模,然后单击 确定 按钮,完成动模的分割工作。

完成上述体积块的分割后,最后剩下名称为"sb-sm"的体积块就是真正意义的定模体积块。

5. 保存模具文件

单击工具栏的【保存】按钮 ,保存"mfgsb.asm"模具文件。

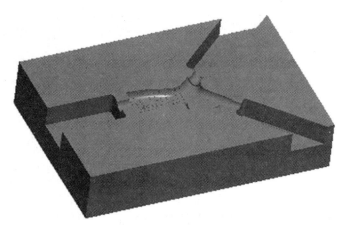

图 5.35　动模着色图

5.2　使用"直接"方式创建体积块

"直接"方式创建体积块不使用分割的方法，而是直接创建体积块，包括"特征"、"聚合"和"滑块"三种方法。对于初学者来说，"直接"方式创建体积块为选学内容。

在实际生产工作中，由于设计模型来源不同，设计模型并不一定都是 Creo 2.0 软件所设计的模型，使用 Creo 2.0 对外来图形进行模具设计时，当使用"分割"方式创建体积块失败时，可以考虑使用"直接"方式创建体积块，以避免体积块分割失败。直接方式创建体积块属于模具设计的高级内容，对于初学者不作要求。

5.2.1　使用"特征法"创建体积块的操作要点

1. 选取命令

从"模具"工具栏单击【模具体积块】按钮 ，进入体积块创建模式，如图 5.36 所示。

2. 创建体积块

使用工程特征（例如拉伸、旋转等）创建或编辑所需的模具体积块。工具栏中有许多命令可供使用。完成体积块的创建或编辑后，单击"编辑模具体积块"工具栏的 按钮，返回到模具设计界面，系统在"模型树"中显示具有缺省名称的模具体积块。

5.2.2　使用"聚合法"创建体积块的操作要点

"聚合法"是通过复制参考模型的曲面及边线，然后以一个平面进行整体封闭，创建出体积块。

1. 选取命令

从"模具"工具栏单击【模具体积块】按钮 ，进入体积块创建模式，参考图 5.36 所示。

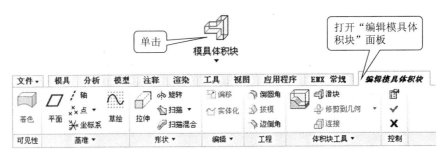

图 5.36　选取命令

2. 创建体积块

从"编辑模具体积块"工具栏中单击【聚合体积块工具】按钮![按钮]，打开"聚合体积块"菜单管理器，可以创建聚合体积块，如图 5.37 所示。

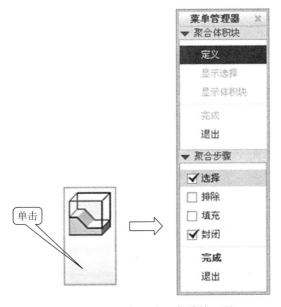

图 5.37　"聚合体积块"菜单管理器

5.2.3　创建滑块体积块

如果参考模型的侧面具有凹凸部分或孔结构，则必须将这些部位设计成滑块，并在开模前将其抽出。Creo 2.0 提供了创建滑块的功能。

方法 1：从"模具"工具栏单击【模具体积块】按钮![按钮]→【滑块】按钮![按钮]，系统打开"滑块体积块"对话框，可以创建滑块体积块，如图 5.38 所示。

方法 2：在"模型树"中右键单击模具体积块，从快捷菜单中选择【重新定义模具体积块】，进入体积块创建模式，从"编辑模具体积块"工具栏中选择【滑块】按钮![按钮]，系统打开"滑块体积块"对话框，可以创建滑块体积块，如图 5.39所示。

图 5.38 创建"滑块体积块"方法 1

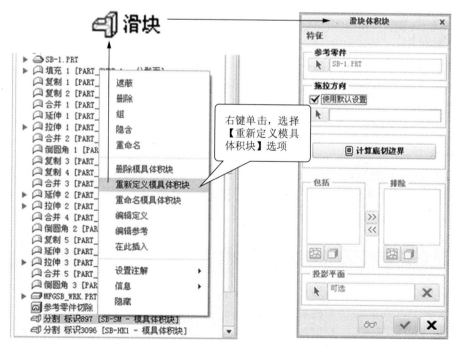

图 5.39 创建"滑块体积块"方法 2

创建模具元件

分割工件所得的体积块或直接创建的体积块只是封闭的曲面面组，不是实体零件，需要通过对体积块的抽取将其转换为实体的模具元件。在模具组件文件中，模具元件是独立存在的单个文件，属于零件级。多个模具元件装配起来就成为一副模具。

5.3.1　创建模具元件的操作要点

1. 选取命令

打开一个模具文件，从"模具"工具栏单击【型腔镶块】按钮，打开"创建模具元件"对话框，如图 5.40 所示。

图 5.40　选择创建模具元件命令

2. 选项与设置

"模具元件"菜单中提供了 3 种添加模具元件的方法：型腔镶块、组装模具元件、创建模具元件。

【型腔镶块】：从已有的模具体积块中创建模具元件。

【组装模具元件】：将已有的零件装配到模具组件中，转化为模具元件。

【创建模具元件】：在模具组件环境中通过创建特征来创建模具元件。

💡 **经验交流**

"组装模具元件"和"创建模具元件"方法，初学者不作要求。使用"型腔镶块"方法创建模具元件是模具设计的常用方法，初学者必须掌握这种方法。因为体积块不是实体零件，要通过对体积块的"抽取"操作才能将体积块转换成实体的模具元件。

5.3.2　创建模具元件实例

素　材	模型文件＼第 5 章＼范例结果文件＼创建体积块＼mfgsb.asm
完成效果	模型文件＼第 5 章＼范例结果文件＼创建模具元件＼mfgsb.asm
操作视频	操作视频＼第 5 章＼5.3.2　创建模具元件实例

本节以手柄模具文件为例来说明创建模具元件的操作步骤。打开一个模具文件，

如图 5.41 所示。

1. 选取命令

从"模具"工具栏单击【型腔镶块】按钮 🐾，系统打开"创建模具元件"对话框，列表框中显示所有可抽取为模具元件的体积块列表，如图 5.42 所示。

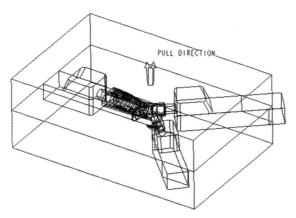

图 5.41 模具文件

图 5.42 "创建模具元件"对话框

2. 创建模具元件

单击对话框中的【选取全部】按钮 ▤，同时选中 3 个滑块、定模和动模的体积块，单击 确定 按钮，关闭对话框，如图 5.43 所示。体积块转换成实体的模具元件，3 个滑块、定模和动模的形状与对应的体积块相同。在"模型树"中出现模具元件的名称，如图 5.44 所示。

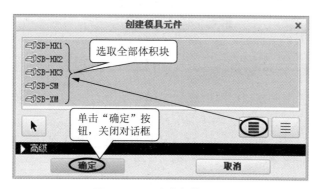

图 5.43 选取全部体积块

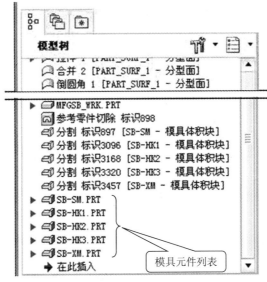

图 5.44　"模型树"中的模具元件名称

3. 保存模具文件

单击工具栏的【保存】按钮 □，保存 "mfgsb.asm" 模具文件。

5.4　完善模具结构

设计模具时，常常需要根据模具结构要求，将动模、定模再分割成若干个模具元件，称为完善模具结构。

5.4.1　方法 1——在模具模块中对模具元件进行编辑

要修改模具结构，完善模具元件，可以在模具模块中进行编辑，也可以切换到零件模块中进行编辑。

在"模型树"或图形窗口中选取模具元件并单击右键，从快捷菜单中选择【激活】，可以对激活的元件进行编辑，如图 5.45 所示。其他元件显示为灰色且透明，如图 5.46 所示。

完成编辑工作后，必须激活模具组件才可继续操作，因此要从"窗口"菜单中选择【模具组件名称】，退出编辑工作，如图 5.47 所示。

5.4.2　方法 2——在零件模块中对模具元件进行编辑

在"模型树"或图形窗口中选取模具元件并单击右键，从快捷菜单中选择【打开】，如图 5.48 所示。进入零件模块，对模具元件进行编辑，如图 5.49 所示。

完成编辑工作后，从"窗口"菜单中选择【模具组件名称】，关闭打开的模具元件文件，返回到模具模块，如图 5.50 所示。

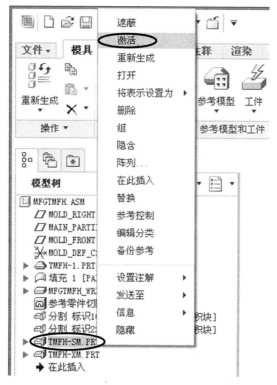

图 5.45 从"模型树"中激活模具元件

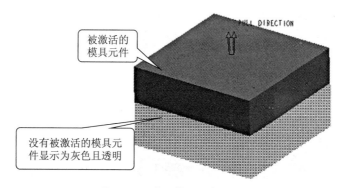

图 5.46 激活模具元件窗口

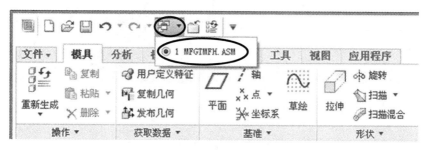

图 5.47 退出编辑窗口

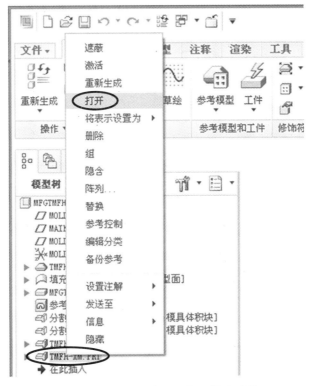

图 5.48　从"模型树"中打开模具元件

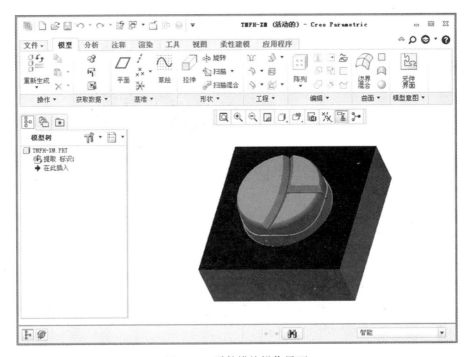

图 5.49　零件模块操作界面

图 5.50　关闭零件模块界面窗口

5.4.3　完善模具结构实例——创建动模和定模锥面定位结构

素　　材	模型文件＼第 5 章＼范例源文件＼完善模具结构＼mfgtmfh.asm
完成效果	模型文件＼第 5 章＼范例结果文件＼完善模具结构＼mfgtmfh.asm
操作视频	操作视频＼第 5 章＼5.4.3　完善模具结构实例

打开一个模具文件，如图 5.51 所示。下面介绍创建动模和定模锥面定位结构的操作步骤。

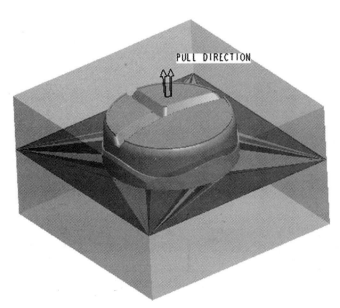

图 5.51　模具文件

经验交流

在模具的开模和合模过程中，有时只依靠导柱来导向是不够的，对于大型、深腔和精度要求高的塑件，特别是薄壁壳体，需要使用锥面定位结构。定模和动模一凸一凹，配合使用。

模具的锥面定位结构具有辅助定位和导向的作用。有利于保证模具正常生产，延长模具的使用寿命。

本例中的定模为凸台,动模为凹槽,带有锥面定位结构的定模和动模,如图 5.52 所示。定模凸台和动模凹槽截面形状为相同的正方形,边长为 200mm,圆角半径为 R30mm。凸台高度为 15.5mm,凹槽深度为 15mm,比动模凸台高度值少 0.5mm,以利于模具的装配。

定模凸台

动模凹槽

图 5.52 动模和定模的锥面定位结构

定位结构必须有一定的拔模斜度(5°~15°),斜度太大起不到定位作用,斜度太小不利于顺利合模。本例中,动模和定模的拔模斜度均为 10°。

定模凸台顶面与周边立面相交的棱边要倒圆角,圆角半径为 1.5mm,以方便装配。同样动模凹槽上表面与周边立面相交的棱边也要倒圆角,圆角半径为 1.5mm。

为保证模具总高度不变,定模是通过减少周边材料形成凸台,而动模是通过增加周边材料形成凹槽。

采用拉伸、拔模和倒圆角的方法可以创建模具的锥面定位结构。

1. 创建动模锥面定位结构

Step01 切换到零件模块。

在"模型树"中选取动模元件"TMFH-XM",单击右键,在快捷菜单中选择【打开】,切换到零件模块操作界面,如图 5.53 所示。

图 5.53 切换到零件模块操作界面

Step02 创建基准平面。

单击【平面】按钮 ▱，打开"基准平面"对话框，如图 5.54 所示。以动模的一个侧面作为创建基准平面的偏移基准，在【放置】选项的"平移"栏输入数值"125"，单击 确定 按钮，完成基准平面"DTM1"的创建工作。

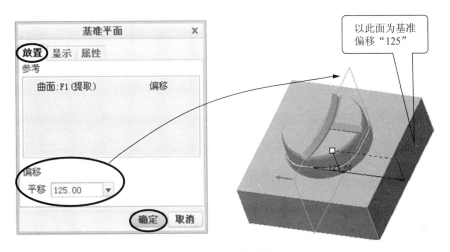

图 5.54 创建基准平面

使用同样的方法，创建基准平面"DTM2"，创建好的基准平面如图 5.55 所示。

Step03 使用拉伸方法创建凹槽。

① 选取命令：在工具栏中单击【拉伸】按钮 ，打开"拉伸"操控板，如图 5.56 所示。

② 选择草绘平面和方向：选择【放置】→【定义】，打开"草绘"对话框。在【平面】框中选择"动模顶面（分型面）"作为草绘平面，在【参考】框中选择"DTM2"平面作为参考平面，在【方向】框中选择【顶】（图 5.57），单击 草绘 按钮进入草绘模式。

进入草绘模式后，选择【草绘视图】按钮 ，定向草绘平面使其与屏幕平行。

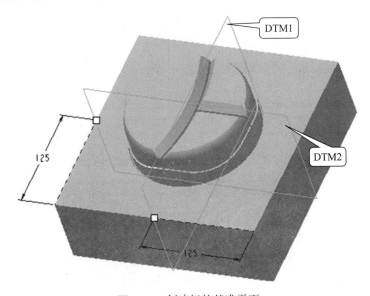

图 5.55 创建好的基准平面

图 5.56　"拉伸"操控板

图 5.57　选择草绘平面和方向

③ 绘制拉伸截面：以动模的中心为基准，绘制出 200mm×200mm 的拉伸截面，单击【投影】按钮 ▢，提取动模的外轮廓线（图 5.58）。单击 ✔ 按钮退出草绘模式。

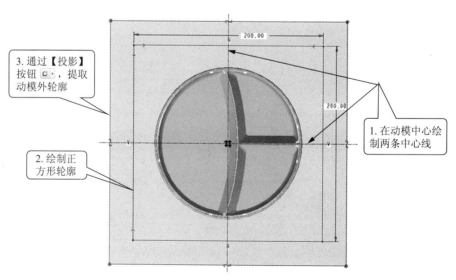

图 5.58　选择草绘平面和方向

④ 指定拉伸方式和深度：打开"拉伸"操控板的【选项】面板，在【侧 1】中选择"盲孔"，输入"15"，在图形窗口中可以预览拉伸特征，如图 5.59 所示。

⑤ 完成创建工作。单击操控板的 ☑ 按钮，就可以创建出动模锥面定位结构的凹槽，如图 5.60 所示。

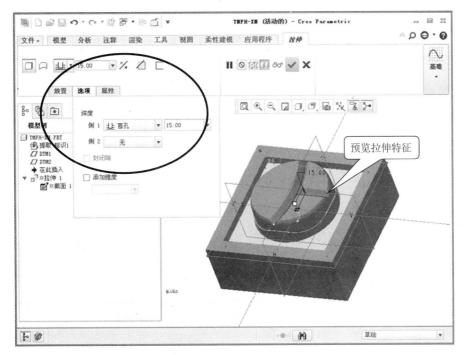

图 5.59　指定拉伸方式和深度

Step04 设置凹槽的拔模斜度。

① 在工具栏中单击【拔模】按钮 ，打开"拔模斜度"操控板。

② 按住 Ctrl 键，选择凹槽的四个立面，指定拔模曲面，如图 5.61 所示。

③ 从参考选项中选择【拔模枢轴】，再单击凹槽底面指定拔模枢轴参考。

④ 单击凹槽立面的棱边指定拔模方向（拖拉方向）。

⑤ 在拔模斜度框中输入拔模角度"10"，单击框右边的箭头" "，改变拔模斜度方向朝外。

⑥ 单击操控板 按钮，完成凹槽拔模斜度的创建工作。

图 5.60　动模锥面定位结构的凹槽

Step05 设置凹槽的圆角。

① 在工具栏中单击【倒圆角】按钮 ，打开"倒圆角"操控板。

② 按住 Ctrl 键选中凹槽的四条立边，指定倒圆角部位。

③ 在"倒圆角"操控板中输入圆角半径"30"，如图 5.62 所示。

④ 单击操控板 按钮，完成倒圆角工作。

Step06 设置凹槽顶面与周边立面相交棱边的圆角。

再次使用"倒圆角"命令，在凸台顶面与周边立面相交的棱边上，倒出半径为"1.5"的圆角，如图 5.63 所示。

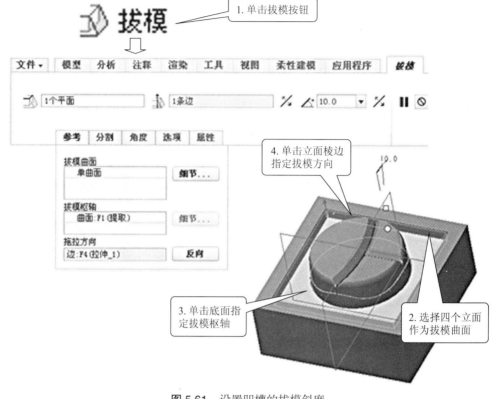

图 5.61　设置凹槽的拔模斜度

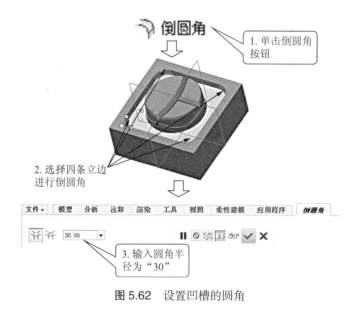

图 5.62　设置凹槽的圆角

2. 创建定模锥面定位结构

采用与动模同样的方法，可以创建定模锥面定位结构凸台，其深度值为 15.5mm，比动模凹槽高度值多 0.5mm，以利于模具的装配。其他部位与动模相互配合，边长为 200mm，圆角半径为 R30 mm，拔模斜度为 10°，定模凸台顶面与周边立面相交的棱边要倒出圆角，半径为 1.5mm，以方便装配，如图 5.64 所示（操作过程由读者自己完成）。

图 5.63　设置凹槽顶面与周边立面相交棱边的圆角

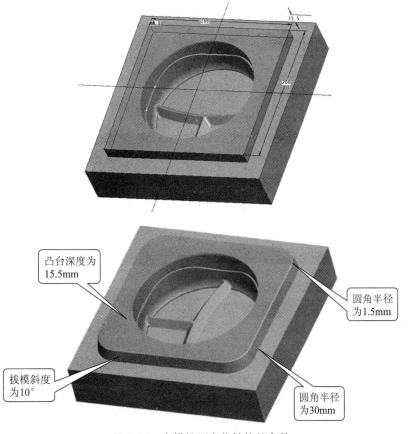

凸台深度为
15.5mm

拔模斜度
为10°

圆角半径
为1.5mm

圆角半径
为30mm

图 5.64　定模锥面定位结构的参数

💡 经验交流

　　为保证模具总高度不变，定模是通过减少周边材料形成凸台，而动模是通过增加
周边材料形成凹槽。

<table>
<tr><td>5.5</td><td>创建注塑模型</td></tr>
</table>

Creo 2.0 提供了创建铸模的命令，铸模操作是模拟注塑过程，在模具组件的型腔和浇注系统中填充材料，生成模具的原始成型件。将注塑模型与设计模型进行对照，可以检查注塑成型的塑件是否与设计模型相同。

素　　材	模型文件 \ 第 5 章 \ 范例结果文件 \ 完善模具结构 \mfgtmfh.asm
完成效果	模型文件 \ 第 5 章 \ 范例结果文件 \ 创建注塑模型 \mfgtmfh.asm
操作视频	操作视频 \ 第 5 章 \5.5　创建注塑模型

下面介绍创建注塑模型的操作步骤。打开一个模具文件，如图 5.65 所示。

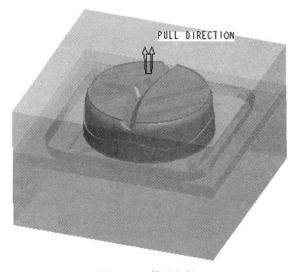

图 5.65　模具文件

1.　选取命令

从"模具"工具栏单击【创建铸模】按钮🐾，如图 5.66 所示。

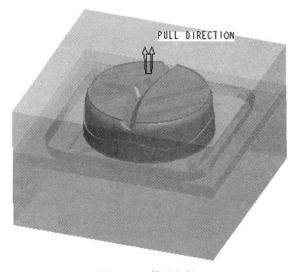

图 5.66　选择制模命令

2. 输入铸模文件名称

选取命令后，系统打开"输入零件名称"文本框，如图 5.67 所示。输入铸模文件名"tmfh-zm"，单击 ☑ 按钮关闭文本框。系统接着打开"输入模具零件公用名称"文本框，如图 5.68 所示。直接

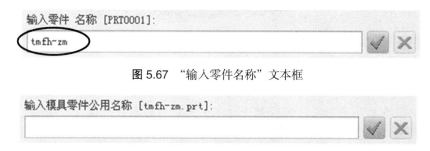

输入零件 名称 [PRT0001]:

tmfh-zm

图 5.67　"输入零件名称"文本框

输入模具零件公用名称 [tmfh-zm.prt]:

图 5.68　"输入模具零件公用名称"文本框

单击☑按钮接受缺省名称，系统完成创建铸模工作。

3. 观察注塑模型

在"模型树"中右键单击制模名称"tmfh-zm.prt"，从快捷菜单中选择【打开】选项，如图5.69所示。图形窗口显示模拟注塑出的注塑模型，如图5.70所示。观察完毕后，从"窗口"菜单中选择"模具组件"名称"MFGTMFH.ASM"，返回到模具设计工作界面。

图 5.69 打开铸模操作

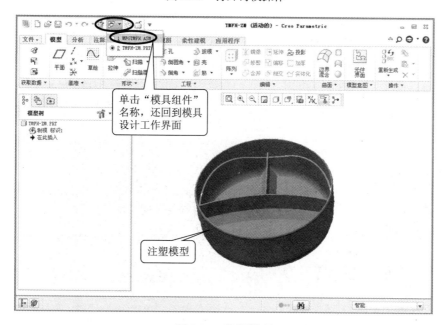

图 5.70 注塑模型

4. 保存模具文件

单击工具栏的【保存】按钮 🖫，保存 "tmfh.asm" 模具文件。

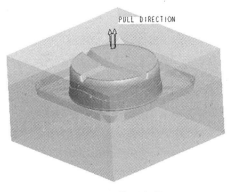

5.6　模具开模仿真

模具体积块抽取完成之后，得到的模具元件仍然处于原来模具体积块的位置。"模具开模"可以模拟模具打开的过程，检查模具设计是否正确。

"模具开模"可以移动模具组件的任何零件，但是参考模型、分型面和工件模型除外。执行操作前，通常要遮蔽工件模型和分型面。

当模具元件数量较多时，为方便选取模具元件，可以将模型设置成消隐显示。也可以直接从"模型树"中，通过选择模具元件的名称来选择模具元件。

素　材	模型文件 \ 第 5 章 \ 范例结果文件 \ 创建注塑模型 \mfgtmfh.asm
完成效果	模型文件 \ 第 5 章 \ 范例结果文件 \ 模具开模仿真 \mfgtmfh.asm
操作视频	操作视频 \ 第 5 章 \5.6　模具开模仿真

下面介绍模具开模仿真的操作步骤。打开一个模具文件，如图 5.71 所示。

1. 选取命令

从模具工具栏单击【模具开模】按钮 ，打开"模具开模"菜单管理器，再选择【定义步骤】→【定义移动】，系统打开"选择"对话框，要求选取要移动的模具元件，如图 5.72 所示。

2. 选取要移动的模具元件

单击要移动的定模，模具元件显示为浅绿色，单击"选择"对话框的 [确定] 按钮确认。系统要求选取对象，指定模具元件移动的方向和距离，如图 5.73 所示。

图 5.71　模具文件

3. 指定移动方向和距离

单击定模的棱边，系统显示指示方向的红色箭头，并在窗口中打开"输入沿指定方向的位移"文本框，输入移动距离"200"，表示沿红色箭头方向移动，单击 按钮确认。

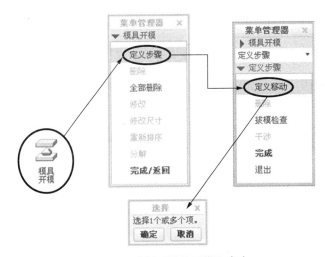

图 5.72　选择"模具开模"命令

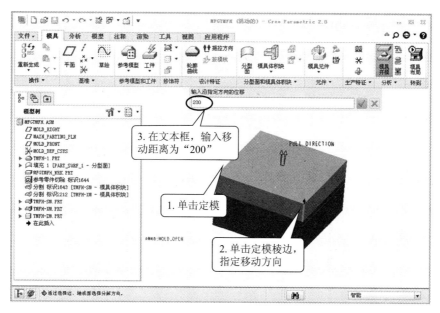

图 5.73 移动模具元件操作

 经验交流

在图形窗口中选择一个基准以确定模具元件移动的方向,可以选取模具元件的直边、轴或平面指定移动方向。如果选取直边或轴,模具元件将平行于直边或轴移动。如果选取平面,模具元件将垂直于平面移动。

4. 移动动模

再次从菜单管理器中选择【定义移动】,用同样的方法移动动模,输入距离为"-200",表示沿红色箭头反方向移动。

5. 模拟开模过程

完成选择工作后,单击菜单管理器的【完成】选项,系统会自动移动模具元件,模拟开模过程,如图 5.74 所示。

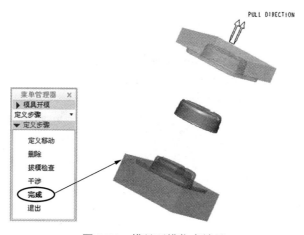

图 5.74 模具开模仿真效果

观察完毕后，在菜单管理器单击【完成／返回】选项，模具元件回归到它们的原始位置，如图 5.75 所示。

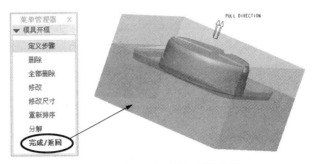

图 5.75　模具元件回归原始位置

6. 保存模具文件

单击工具栏的【保存】按钮 ，保存"mfgtmfh.asm"模具文件。

 **思考与练习**

1. 简述 Creo 2.0 创建模具体积块的方式有哪些？如何操作？
2. 简述 Creo 2.0 创建模具元件的操作要点。
3. 简述完善模具结构的意义。
4. 简述 Creo 2.0 创建注塑模型的操作过程。
5. 简述 Creo 2.0 模具开模仿真操作过程。
6. 打开模型文件中"第 5 章 \ 思考与练习源文件 \ex05-1. asm"，如图 5.76 所示。根据工件模型创建分型面、体积块和模具元件，如图 5.77 所示。结果文件请参看模型文件中"第 5 章 \ 思考与练习结果文件 \ex05-1.asm"。
7. 打开模型文件中"第 5 章 \ 思考与练习源文件 \ex05-2.asm"，如图 5.78 所示。根据已创建好的分型面创建工件模型、体积块和模具元件，如图 5.79 所示，其中工件模型的外形尺寸为 ϕ 550mm×200mm。结果文件请参看模型文件中"第 5 章 \ 思考与练习结果文件 \ex05-2.asm"。

图 5.76

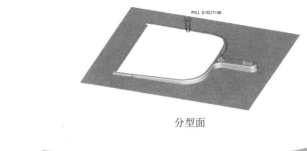

分型面

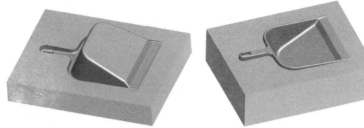

模具元件

图 5.77

图 5.78

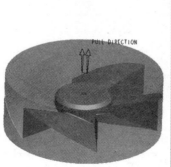

工件模型及其参数

图 5.79

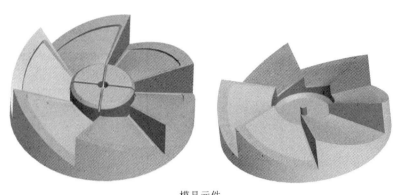

模具元件

续图 5.79

第**6**章

浇注系统与冷却系统

浇注系统是指熔融塑料从注射机喷嘴进入模具型腔所流经的通道，分普通浇注系统和热流道浇注系统两种形式。本章只讨论普通浇注系统的设计。

塑料熔体充满模腔后，为缩短塑料的冷却时间以提高生产效率，一般都要在模具成型零件上开设冷却水道，通常使用水作为冷却介质，利用水循环将模具热量带走，维持模具温度在一定范围内。本章介绍浇注系统和冷却系统的创建方法。

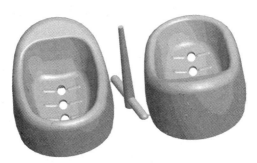

模具中的浇注系统

分流道

6.1 浇注系统

6.1.1 浇注系统的概述

注塑模具的浇注系统是指模具中从喷嘴开始到型腔为止的塑料熔体的流动通道。其作用是使塑料熔体充满型腔并使注射压力传递到型腔的各个部位。

注塑模具的浇注系统一般由主流道、分流道、冷料井和浇口组成，如图 6.1 所示。

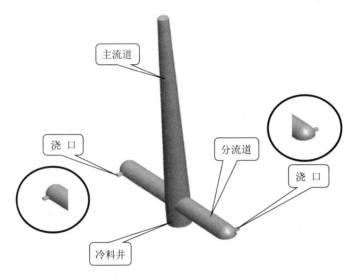

图 6.1　浇注系统的组成

浇注系统设计包括主流道的选择，分流道的截面形状及尺寸确定，浇口位置的选择，浇口形式及浇口截面尺寸的确定等几个方面的内容。

设计浇注系统时，首先应考虑使塑料快速填充型腔，减少压力与热量损失；其次应从经济上考虑，尽量减少由流道产生的废料比例；最后应考虑易于修除塑件上的浇口痕迹。

Creo 2.0 提供了两种创建浇注系统的方法，如图 6.2 所示。

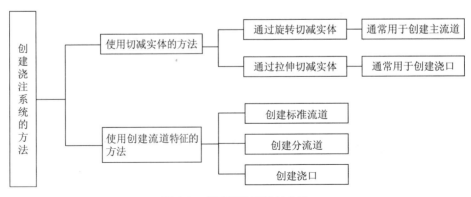

图 6.2　创建浇注系统的方法

使用切减实体的方法创建浇注系统，又分为两种方法：一种是通过旋转切减实体的方法形成流道纵截面，通常用于创建主流道；另一种是通过拉伸切减实体的方法形成流道横截面，通常用于创建浇口。

使用创建流道特征的方法创建浇注系统。流道特征是组件级特征，Creo 2.0 提供了专用的"流道"命令，可以快速创建标准流道，既可以创建分流道，也可以创建浇口。

6.1.2 设计主流道实例——水晶盒主流道

1. 主流道概述

主流道是塑料熔体从注射喷嘴开始到分流道为止的流动通道，是塑料熔体最先到达的部位，它将熔体导入分流道或型腔。主流道垂直于分型面，与注塑机喷嘴在同一轴线上。其末端应设置冷料井以防止冷料流入型腔而影响塑件的质量。

主流道末端为冷料井，用于收集料流中的前锋冷料，防止冷料流入型腔影响塑件质量，有时在分流道末端也要设置冷料井。

为了开模时能够顺利地将凝料从主流道中拔出，通常将主流道设计成圆锥形，其锥角为 2°～6°，小端直径通常为 4~8mm，如图 6.3 所示。

但是 Creo 2.0 没有提供此种形状特征的自动创建方法，因此要使用创建普通特征的方法创建主流道，通常使用旋转切减实体的方法创建主流道。

创建主流道时的步骤如下：

（1）选择旋转切减实体命令。

（2）在流道创建位置上选取草绘平面和方向。

（3）绘制主流道旋转轮廓。

（4）通过旋转切减实体的方法创建出主流道。

2. 设计主流道

素　材	模型文件 \ 第 6 章 \ 范例源文件 \sjh.asm
完成效果	模型文件 \ 第 6 章 \ 范例结果文件 \sjh.asm
操作视频	操作视频 \ 第 6 章 \6.1.2　设计主流道实例

下面以创建水晶盒模具的浇注系统为例，介绍浇注系统的设计方法，包括主流道、分流道和浇口的设计。

打开模型文件"sjh.asm"，如图 6.4 所示。在水晶盒模具文件的基础上完成以下操作。

Step01 选取命令。

从"模型"工具栏中单击【旋转】按钮 ◆，打开"旋转"操控板，如图 6.5 所示。

Step02 选择主流道的草绘平面和方向。

单击操控板中的【放置】→【定义】，打开"草绘"对话框，指定草绘平面和方向。在【平面】框中选择"DTM2"平面作为主流道草绘平面，在【参考】框中选择水晶盒定模表面作为参考平面，在【方向】框中选择"顶"，如图 6.6 所示。单击 草绘 按钮进入草绘模式。

进入草绘模式后，选择【草绘视图】按钮 ◆，定向草绘平面使其与屏幕平行。

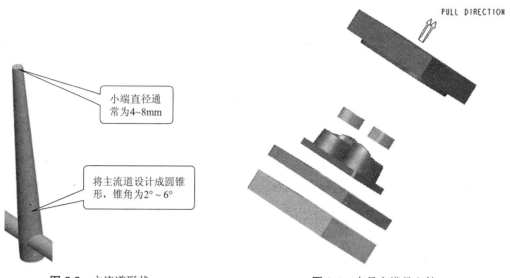

图 6.3 主流道形状

图 6.4 水晶盒模具文件

图 6.5 选取设计主流道命令

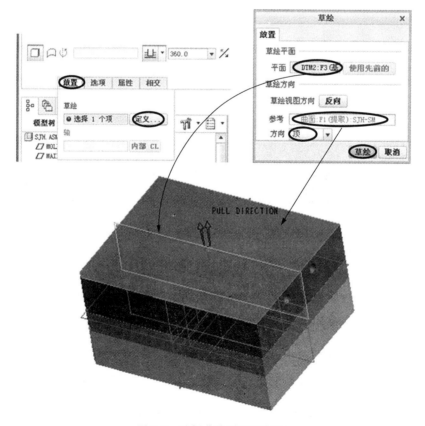

图 6.6 选择草绘平面和方向

Step03　绘制主流道截面。

将模型设置成线框显示，使用【几何中心线】┊命令，在两个参考模型的对称中心线上绘制一根旋转中心线。再使用【点线】∧命令，绘制一个封闭的梯形截面，其小端在分型面上方，与工件上边平齐，直径为 4.5mm。大端在分型面下方 8mm，直径为10mm，如图 6.7 所示。单击草绘工具栏的 ✔ 按钮，退出草绘模式。

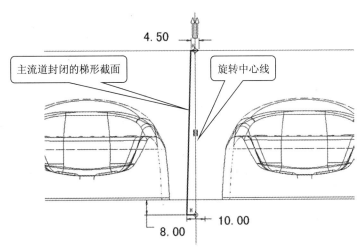

图 6.7　绘制主流道截面

Step04　设置相交选项参数。

退出草绘模式后，返回到"旋转"操控板，设置相交选项参数，如图 6.8 所示。

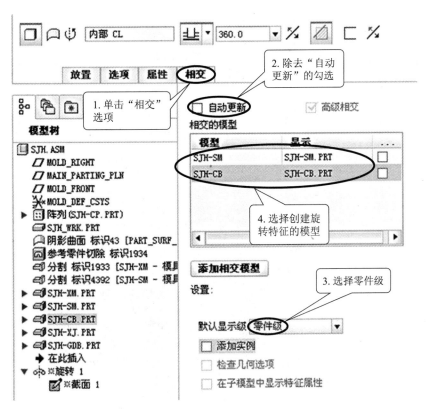

图 6.8　设置相交选项参数

Step05 完成主流道的设计工作。

单击操控板的 ✔ 按钮，完成主流道的设计工作，其形状为圆锥形。

💡 经验交流

本例讲述了主流道设计的操作过程。主流道的尺寸直接影响塑料熔体的流动速度和充模时间。在工作过程中，主流道与高温塑料和注塑机喷嘴反复接触和碰撞，因此通常设计成主流道衬套镶入定模板内（主流道衬套又称为浇口套），如图 6.9 所示。

浇口套通过定位环固定在定模板上，定位环与浇口套的装配关系如图 6.10 所示。可使用设计主流道的操作方法在浇口套上创建主流道。

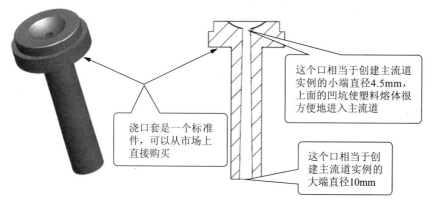

图 6.9　浇口套

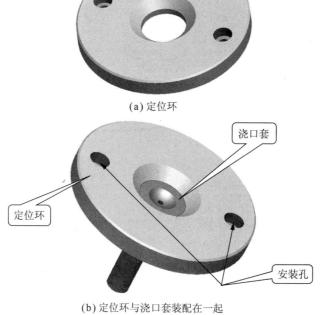

(a) 定位环

(b) 定位环与浇口套装配在一起

图 6.10　定位环与浇口套

6.1.3 设计分流道实例——水晶盒分流道

1. 分流道概述

分流道是从主流道末端开始到浇口为止的塑料熔体流动的通道。根据型腔在分型面上的排布情况，分道流可分为一次分流道、二次分流道甚至三次分流道。

下面介绍分流道的截面形状。Creo 2.0 提供了多种流道截面的形状，有倒圆角（圆形）、半倒圆角（半圆形）、六边形、梯形、圆角梯形（U 形），如图 6.11 所示。

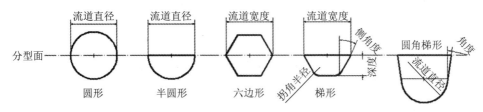

图 6.11 流道的截面形状

 经验交流

因为圆柱形具有最大体积和最小表面积的特点，故分流道的截面形状应以圆形截面为最佳。其次，梯形、圆角梯形（U 形）也是常用的流道形状。分流道可开设在动模、定模分型面的两侧或任意一侧。圆形截面、六边形截面的分流道开设在分型面的两侧，半圆形截面、梯形截面和圆角梯形截面的分流道只能开设在分型面的一侧。

2. 分流道的创建方法

通常使用 Creo 2.0 提供的创建流道特征的方法创建分流道。

创建流道特征的步骤如下：

（1）选择【流道】命令，系统打开"流道"对话框和"形状"菜单。

（2）在"形状"菜单中选取流道的形状。

（3）输入控制流道形状的尺寸。

（4）草绘流道路径。

（5）选取将与流道特征相交的模具元件。此操作可自动或手工完成。

（6）单击 确定 按钮，完成流道设计工作。

3. 设计分流道操作实例

素 材	模型文件 \ 第 6 章 \ 范例源文件 \sjh.asm
完成效果	模型文件 \ 第 6 章 \ 范例结果文件 \sjh.asm
操作视频	操作视频 \ 第 6 章 \6.1.3　设计分流道实例

Step01 选取命令。

打开模具文件，从"模具"工具栏中单击【流道】按钮 ✳，如图 6.12 所示。

Step02 指定分流道的形状和参数。

选取命令后，系统打开"流道"对话框，同时菜单管理器弹出"形状"菜单，如图 6.13 所示。

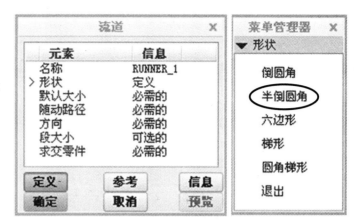

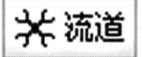

图 6.12　选取设计分流道命令　　　　图 6.13　"流道"对话框和"形状"菜单

从"形状"菜单中选择【半倒圆角】选项,系统打开"输入流道直径"文本框,如图 6.14 所示。

图 6.14　"输入流道直径"文本框

在文本框中输入流道直径"8",单击☑按钮,系统打开"流道"菜单,如图 6.15 所示,要求选取草绘平面和方向。

经验交流

本例采用推件板推出机构,动模和定模之间隔着一层推件板。为防止开模后浇注系统卡在推件板上,无法自动脱落,分流道全部设置在定模一侧,不在推件板上开设分流道,因此采用半圆形截面的分流道。

Step03　选择分流道的草绘平面和方向。

① 选择"流道"菜单的【草绘路径】→【新设置】选项,然后指定"MAIN_PARTING_PLN"基准平面为分流道草绘平面,如图 6.16 所示。

图 6.15　"流道"菜单

② 指定流道草绘平面后,系统打开"方向"菜单。图中显示草绘视图方向的箭头向下,指向动模。本例分流道要全部开设在定模上,不在推件板上开设分流道,必须修改视图方向,将流道图形绘制在定模上,因此在菜单中选择【反向】,使表示视图方向的箭头指向定模,如图 6.17 所示。然后单击菜单中的【确定】选项,系统打开"草绘视图"菜单。

③ 选择【顶】,指定流道草绘方向。再选取"MOLD_RIGHT"作为草绘参考平面,进入分流道草绘模式。

进入草绘模式后,选择【草绘视图】按钮 ,定向草绘平面使其与屏幕平行。

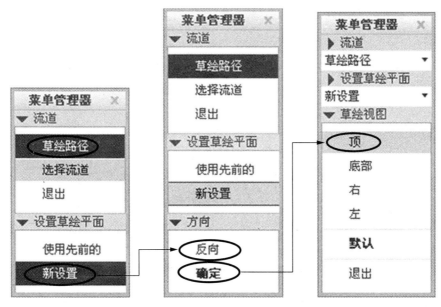

图 6.16　选择分流道草绘平面和方向

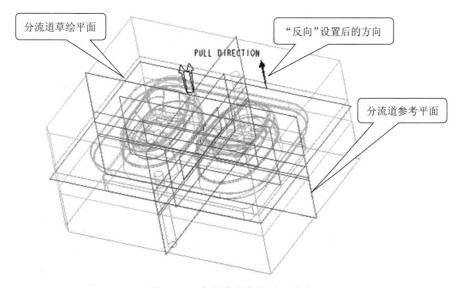

图 6.17　分流道的草绘平面方向

Step04　绘制分流道的路径。

在草绘工具栏中选择【创建 2 点线】 ∧ 命令，此时绘制的直线成为三条直线，绘制出分流道路径，如图 6.18 所示。

Step05　选取将与流道特征相交的零件。

完成流道特征绘制工作后，单击草绘工具栏的 ✔ 按钮，系统打开"相交元件"对话框，要求指定将与流道特征相交的零件，系统将从这些零件中切割材料以形成流道。

因为分流道设计在定模上，单击【选择要相交的元件】按钮 ⬚，然后从"模型树"中选择定模名称"SJH–SM"，【模型名称】框的列表中会自动添加定模名称"SJH–SM"，如图 6.19 所示。然后单击 确定 按钮关闭对话框。

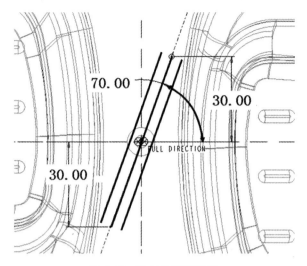

图 6.18 绘制分流道路径

图 6.19 "相交元件"对话框

Step06 完成设计工作。

单击"流道"对话框的 [确定] 按钮,系统在定模上切割出半圆形截面分流道,如图 6.20 所示。

图 6.20　创建出的分流道

6.1.4　设计冷料井

将主流道或分流道延长所成形的井穴称为冷料井。用于收集料流中的前锋冷料，防止冷料流入型腔影响塑件质量。

 经验交流

在注射过程的循环中，由于喷嘴与低温模具接触，使喷嘴前端存有一小段低温料，常称冷料。在注射时，冷料在料流的最前端。如果冷料进入型腔将导致产品的冷接缝，熔体流动中的前锋冷料会导致浇口堵塞。通常情况下冷料井一般设在主流道的末端，有时在分流道末端也要设置冷料井。

在塑料模具设计中，冷料井有两种类型。

1. 底部带有拉料杆的冷料井

这类冷料井的底部有一根拉杆构成，拉料杆装于型芯固定板上，因此它不随脱模机构运动，这类模具结构较为复杂，初学者不作要求，这里不作介绍。

2. 底部带有推杆的冷料井

这类冷料井的底部有一根推杆构成，推杆装于推杆固定板上，因此它常与推杆脱模机构一起使用，其结构如图 6.21 所示。

3. 冷料井实例

本例冷料井位于主流道的末端，在设计主流道时一起设计完成，如图 6.22 所示。其创建方法参考"6.1.2设计主流道实例——水晶盒主流道"的内容。本例冷料井结构属于底部带推杆的冷料井类型。

1—推杆　2—推杆固定板　3—冷料井

图 6.21　底部带推杆的冷料井

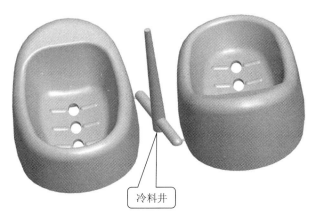

冷料井

图 6.22　冷料井

6.1.5　设计浇口

1. 浇口概述

浇口是浇注系统中连接分流道与型腔的熔体通道，可分为非限制性浇口（又称为大浇口）和限制性浇口（又称为小浇口）两大类。

1）非限制性浇口

非限制性浇口是浇注系统中截面尺寸最大的部分，如直接浇口，适于单腔模具，其结构如图 6.23 所示。

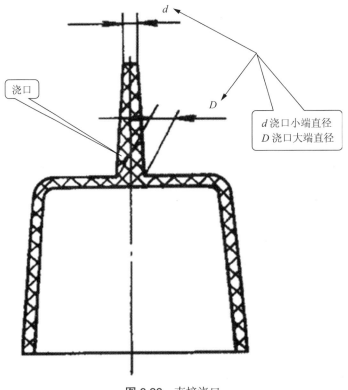

d

D

浇口

d 浇口小端直径
D 浇口大端直径

图 6.23　直接浇口

2）限制性浇口

限制性浇口是浇注系统中截面尺寸最小的部分，即最狭窄的部分。常用的浇口有侧浇口、点浇口和潜伏式浇口。

（1）侧浇口的结构如图 6.24 所示。

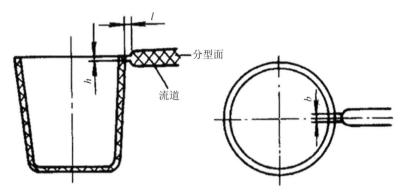

图 6.24　侧浇口

侧浇口又称为边缘浇口，因其通常开设在型腔侧边（产品边缘）而得名。常用的结构尺寸如下：

$$h = 0.5\sim2mm \quad b = 1.5\sim5mm \quad L=0.5\sim1.5mm$$

侧浇口广泛应用于单分型面多腔模普通浇注系统的浇口形式，适用于各种塑料。

（2）点浇口的结构如图 6.25 所示。中间一段小圆孔为浇口；上面的小锥度大孔，为点浇口的引导孔，是最后一级分流道的末端；下面的大锥度小孔，用于保护制品，避免拉断浇口时伤及制品表面。

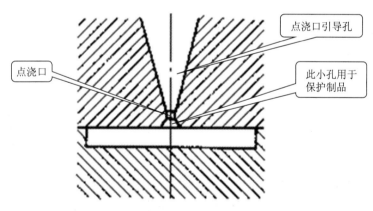

图 6.25　点浇口

（3）潜伏式浇口是由点浇口衍变而成的一类浇口。潜伏式浇口具有点浇口的一切优点。而且，可避免浇口设在制品表面导致的浇口痕迹对制品外观的影响。开模推出产品时，由于产品与模板的相对运动，浇口被自行剪断，可实现推出时产品和料把自动分离。

说明：对初学者来说，浇口概述这节内容不作要求。

2. 设计浇口实例

通常使用流道特征来创建浇口。如果没有合适的形状，也可以通过拉伸切除特征的方法来创建浇口。

素　　材	模型文件 \ 第 6 章 \ 范例源文件 \sjh.asm
完成效果	模型文件 \ 第 6 章 \ 范例结果文件 \ sjh.asm
操作视频	操作视频 \ 第 6 章 \6.1.5　设计浇口

Step01 从工具栏选取命令。

从模具工具栏中单击【流道】按钮 ✳，如图 6.26 所示。

Step02 指定浇口的形状和参数。

选取命令后，系统打开"流道"对话框，同时菜单管理器弹出"形状"菜单，如图 6.27 所示。

图 6.26　选取设计浇口命令　　　　　图 6.27　"流道"和"形状"菜单

选择【梯形】选项，系统打开"输入流道宽度"文本框，在"输入流道宽度"文本框中输入数值"2"，代表浇口宽度，单击 ☑ 按钮确定，如图 6.28 所示。

图 6.28　"输入流道宽度"文本框

系统接着打开"输入流道深度"文本框，在"输入流道深度"文本框中输入数值"0.8"，代表浇口深度，单击 ☑ 按钮确定，如图 6.29 所示。

图 6.29　"输入流道深度"文本框

系统接着打开"输入流道侧角度"文本框，在"输入流道侧角度"文本框中输入数值"15"，代表浇口两侧拔模斜度，单击 ☑ 按钮确定，如图 6.30 所示。

图 6.30 "输入流道侧角度"文本框

系统接着打开"输入流道拐角半径"文本框，在"输入流道拐角半径"文本框中输入数值"0.25"，代表浇口侧面与底面的拐角半径，单击 ☑ 按钮确定，如图 6.31 所示。

图 6.31 "输入流道拐角半径"文本框

Step03　选择浇口的草绘平面和方向。

指定浇口的形状和参数后，系统要求选取草绘平面和方向，如图 6.32 所示。

在"设置草绘平面"菜单中选择【使用先前的】，单击"方向"菜单的【确定】选项，进入草绘模式，如图 6.33 所示。

图 6.32 设置草绘平面菜单

图 6.33 设置草绘平面与方向

进入草绘模式后，选择【草绘视图】按钮 ，定向草绘平面使其与屏幕平行。

Step04　绘制浇口。

在草绘工具栏中选择【创建 2 点线】 ✦ 命令，在分流道的两端绘制浇口路径，使浇口路径与型腔相通即可，如图 6.34 所示。

Step05　选取将与浇口特征相交的零件。

完成浇口特征绘制工作后，单击草绘工具栏的 ✔ 按钮，系统打开"相交元件"对话框，如图 6.35 所示。

因为浇口设计在定模上，单击【选择要相交的元件】按钮 ，然后从"模型树"中选择定模名称"SJH–SM"，【模型名称】框的列表中会自动添加定模名称"SJH–SM"，然后单击 确定 按钮关闭对话框（参考图 6.35 所示）。

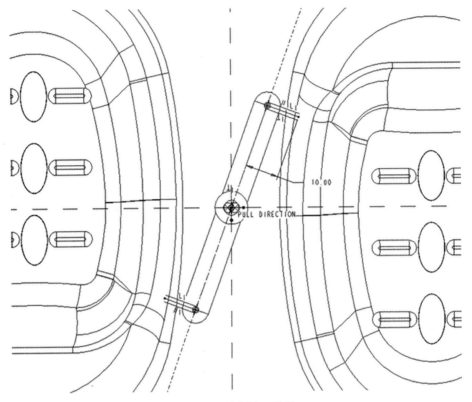

图 6.34　绘制浇口路径

图 6.35　"相交元件"对话框

完成设计工作。

单击"流道"对话框的 [确定] 按钮，完成浇口的设计工作，设计出的浇口如图6.36所示。

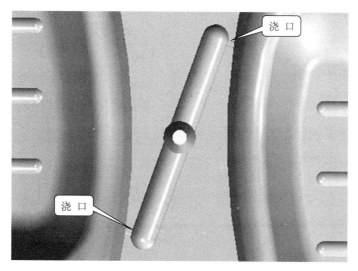

浇 口

浇 口

图 6.36 创建出的浇口

单击工具栏的【保存】按钮 ⊟，保存"sjh.asm"模具文件。

6.2 冷却系统

6.2.1 概 述

在通常情况下，注射到模具内的熔体的温度为200°左右，而塑料脱模时的温度一般都在60°以下，因此，注射成型后一般都要对模具进行有效冷却，使熔融塑料的热量尽快传给模具，以提高生产效率。

在实际生产过程中，通常使用水作为冷却介质，利用水循环将模具热量带走，维持模具温度在一定范围内。

在热塑性塑料射出成型的周期中，模具的冷却时间占整个周期的$\frac{2}{3}$以上，合理设计冷却系统有利于提高生产效率和保证模具的有效利用率。

💡 经验交流

设计有效的冷却回路可减少冷却时间，增加总生产量；均匀的冷却可降低因热传递不均而产生的残余应力，从而控制产品翘曲，以维持成形产品尺寸的精确度和稳定性，改善产品的质量，如图6.37所示。

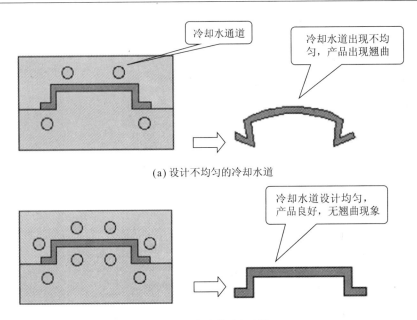

(a) 设计不均匀的冷却水道

(b) 设计均匀的冷却水道

图 6.37　两种冷却水道的设计

6.2.2　冷却孔道设计原则

1. 冷却孔道尺寸的设计原则

（1）冷却孔道尺寸大小的设计。在实际生产中，最常用冷却水道直径为 $\phi6mm$、$\phi8mm$、$\phi10mm$、$\phi12mm$，如图 6.38 所示。

- 当 $D=\phi6mm$，N=PT1/8。
- 当 $D=\phi8mm$，N=PT1/8。
- 当 $D=\phi10mm$，N=PT1/4。
- 当 $D=\phi12mm$，N=PT3/8。
- 当 $H \leq 17mm$ 时，不做快速接头孔。

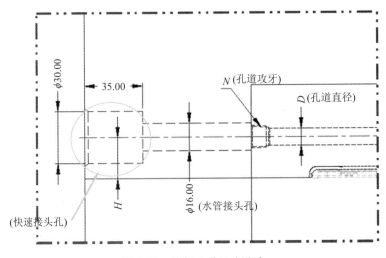

图 6.38　冷却孔道尺寸设计

（2）冷却孔道位置尺寸大小的设计。要使模具有效冷却并提高模具的热传导效率，冷却孔道的位置尺寸的设计非常重要，其位置尺寸关系如图6.39所示。其尺寸关系式为：$d=D\sim 3D$，$P=3D\sim 5D$。

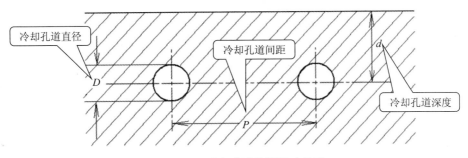

图6.39 冷却孔道位置尺寸关系

2. 冷却孔道位置的设计原则

（1）冷却通道的设计和布置应与产品的厚度相适应，如图6.40所示。产品较厚的部位要加强冷却，如图6.41所示。

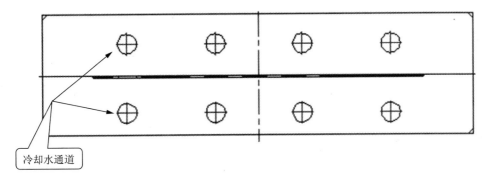

图6.40 冷却通道的布置与产品的厚度相适应

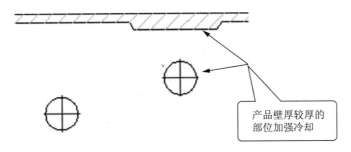

图6.41 冷却通道的布置与产品壁厚较厚的部位加强冷却

（2）冷却通道与产品之间的距离既不能太远也不能太近，以免影响冷却效果和模具的强度，如图6.42所示（H值取11~13mm为最佳）。

（3）冷却孔道与顶针、套筒、镶件、斜销的距离（P）要在5mm以上为最安全（P最小值可取3mm），如图6.43所示。

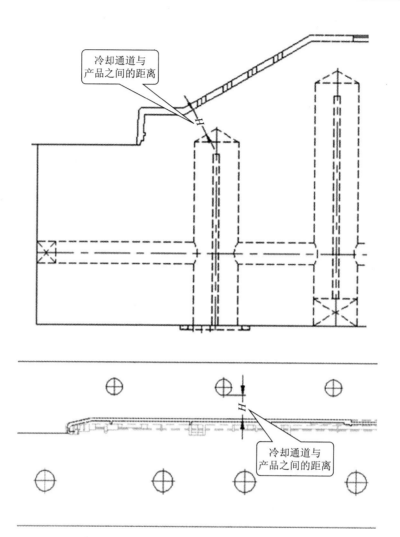

图 6.42　冷却通道与产品壁的距离

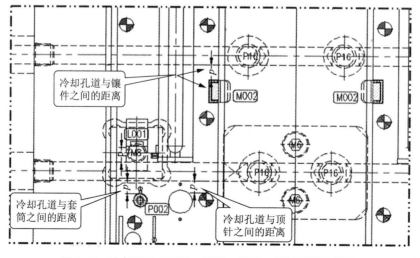

图 6.43　冷却通道离顶针、套筒、镶件、斜销的距离设计

6.2.3 Creo 2.0 冷却水道特征

冷却水道的建立与流道的设计方法相同，可以通过拉伸切除特征的方法来创建冷却水道特征。但在 Creo 2.0 软件中提供了可以方便生成冷却水道的功能。

素　材	模型文件 \ 第 6 章 \ 范例源文件 \sjh.asm
完成效果	模型文件 \ 第 6 章 \ 范例结果文件 \ sjh.asm
操作视频	操作视频 \ 第 6 章 \6.2.3　Creo 2.0 冷却水道特征

1. 选取命令

从"模具"工具栏中单击【等高线】按钮 ≋，如图 6.44 所示。

2. 指定冷却水道的大小

选取命令后，系统打开"等高线"对话框，如图 6.45 所示。同时打开"输入水线圆环的直径"文本框,从"输入水线圆环的直径"文本框输入冷却水道的直径,如图 6.46 所示。

图 6.44　选取设计冷却水道命令　　　　图 6.45　"等高线"对话框

图 6.46　"输入水线圆环的直径"文本框

3. 选择冷却水道的草绘平面和方向

指定冷却水道的大小后，系统要求选取草绘平面和方向，如图 6.47 所示。

系统默认为"新设置"选项，选取一个基准平面作为设计冷却水道的草绘平面，系统打开"草绘视图"菜单，从中选择一个"方向"作为参考，如图 6.48 所示。

4. 设计冷却水道

选择参考"方向"后，进入草绘模式，根据模具结构特点进行冷却水道设计。

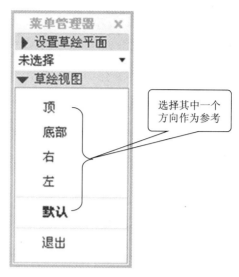

选择其中一个方向作为参考

图 6.47　设置草绘平面菜单

图 6.48　设置草绘平面的参考方向

6.2.4　设计模具元件的冷却水道

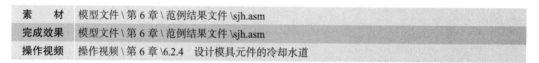

素　　材	模型文件 \ 第 6 章 \ 范例结果文件 \sjh.asm
完成效果	模型文件 \ 第 6 章 \ 范例结果文件 \sjh.asm
操作视频	操作视频 \ 第 6 章 \6.2.4　设计模具元件的冷却水道

打开模具文件"sjh.asm",如图 6.49 所示。在设计好浇注系统的水晶盒模具文件的基础上,设计定模的冷却水道。

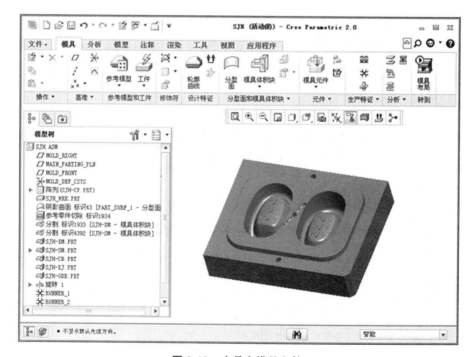

图 6.49　水晶盒模具文件

经验交流

本节以水晶盒定模元件为例，讲述 Creo 2.0 软件设计冷却水道的操作过程，为了便于观察和操作，将其他模具元件进行遮蔽，在图形窗口只显示水晶盒定模元件（图 6.49）。

1. 选取命令

从模具工具栏中单击【等高线】按钮 ，如图 6.50 所示。

2. 指定冷却水道的大小

选取命令后，系统打开"等高线"对话框，如图 6.51 所示。同时打开"输入水线圆环的直径"文本框，在"输入水线圆环的直径"文本框输入冷却水道的直径为 8mm，单击 ☑ 按钮确定，如图 6.52 所示。

图 6.50 选取设计冷却水道命令　　　　**图 6.51** "等高线"对话框

图 6.52 输入冷却水道的直径

3. 创建冷却水道的草绘平面

指定冷却水道的大小后，系统要求选取草绘平面和方向，选择"模具"工具栏【平面】◻ 按钮，打开基准平面对话框，如图 6.53 所示。

创建冷却水道草绘平面的步骤如下。

`Step01` 从基准平面对话框中选择"放置"选项。

`Step02` 在"参考"中选择 MAIN_PARTING_PLN 基准平面作为创建冷却水道草绘平面的参考。

`Step03` 在"平移"选项中输入偏移距离为 61mm，更改草绘平面的箭头方向为向上，单击"确定"按钮，参考图 6.54 所示。

4. 设置冷却水道的草绘平面的参考方向

创建冷却水道的草绘平面以后，系统打开"草绘视图"菜单，从"草绘视图"菜单中选择"顶"，然后选择基准平面 DTM2 作为参考平面，如图 6.54 所示。

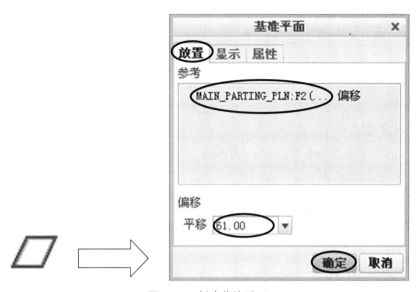

图 6.53　创建草绘平面

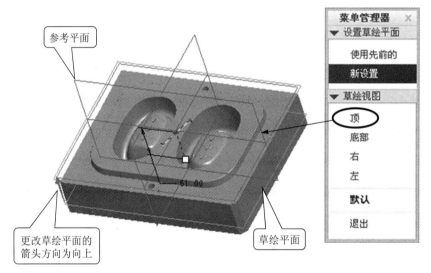

图 6.54　设置草绘平面参考方向

5. 绘制冷却水道路径

选择参考"方向"后，进入草绘模式。进入草绘模式后，选择【草绘视图】按钮 ，定向草绘平面使其与屏幕平行。

选择 MOLD_RIGHT 和 DTM1 两个互相垂直的平面作为平面坐标系的绘图基准，单击"关闭"按钮，如图 6.55 所示。

Step01　在草绘工具栏中选择【中心线】按钮 ，绘制两条中心线与基准重合。

Step02　在草绘工具栏中选择【创建 2 点线】 命令，此时绘制的直线成为三条直线，绘制出冷却水道路径，如图 6.56 所示。

6. 选取将与冷却水道特征相交的零件

完成冷却水道特征绘制工作后，单击草绘工具栏的 按钮，系统打开"相交元件"对话框。

图 6.55　选择绘图参考

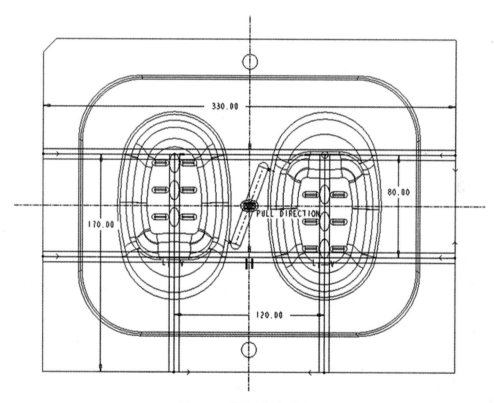

图 6.56　绘制冷却水道路径

因为本节在定模上设计冷却水道，单击【选择要相交的元件】按钮 ，然后从"模型树"中选择定模名称"SJH-SM"，【模型名称】框的列表中会自动添加定模名称"SJH-SM"，如图 6.57 所示。然后单击 按钮关闭对话框。

7. 完成设计工作

单击"等高线"对话框的 按钮，完成冷却水道的设计工作，设计出的冷却水道如图 6.58 所示。

图 6.57　"相交元件"对话框　　　　图 6.58　设计出的冷却水道

6.2.5　在冷却水道的末端设置沉头孔

素　　材	模型文件 \ 第 6 章 \ 范例结果文件 \sjh.asm
完成效果	模型文件 \ 第 6 章 \ 范例结果文件 \sjh.asm
操作视频	操作视频 \ 第 6 章 \ 6.2.5　在冷却水道的末端设置沉头孔

要对冷却水道的末端设置沉头孔，可以对冷却水道设置末端条件，其操作方法如下。

Step01　在模型树中选择冷却水道特征，单击鼠标右键，打开快捷菜单，从快捷菜单中选择"编辑定义"选项，打开"等高线"对话框，如图 6.59 所示。

Step02　在"等高线"对话框中选择"末端条件"选项，单击"等高线"对话框中的 定义 按钮，打开"尺寸界线末端"和"选择"对话框，要求选择冷却水道末端，如图 6.60 所示。

Step03　选择冷却水道末端，再单击选择对话框的"确定"按钮，如图 6.61 所示。系统打开"规定端部"菜单管理器，选择"通过 w/ 沉孔"选项，如图 6.62 所示。

Step04　选择"通过 w/ 沉孔"选项后，再单击"完成 / 返回"选项，系统打开"输入沉孔直径"文本框，在"输入沉孔直径"文本框中输入冷却水道直径的值为"16"，单击 ✓ 按钮确定，如图 6.63 所示。

Step05　"输入沉孔直径"后，系统继续打开"输入沉孔深度"文本框，在"输入沉孔深度"文本框中输入冷却水道末端沉孔深度为"20"，单击 ✓ 按钮确定，如图 6.64 所示。

Step06　"输入沉孔深度"后，单击 ✓ 按钮确定，完成第一个冷却水道末端的沉孔设置，如图 6.65 所示。

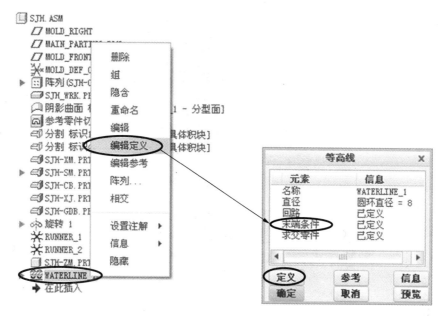

图 6.59　冷却水道编辑定义操作

图 6.60　"尺寸界线末端"和"选择"对话框

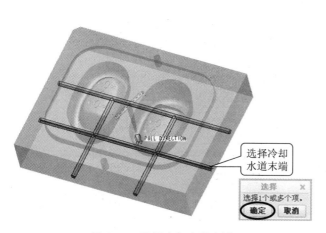

图 6.61　选择冷却水道末端

图 6.62　"规定端部"菜单管理器

图 6.63　"输入沉孔直径"文本框

图 6.64　"输入沉孔深度"文本框

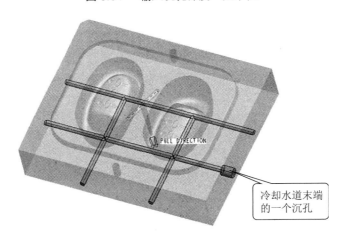

冷却水道末端
的一个沉孔

图 6.65　设置冷却水道末端的一个沉孔

　　用同样的方法可以设置其他冷却水道末端的沉孔，设置完冷却水道末端的沉孔后，依次单击选择对话框的"确定"按钮，尺寸界线末端的"完成 / 返回"选项，"等高线"对话框的"确定"按钮，完成冷却水道的末端沉头孔的设置，如图 6.66 所示。

　　设置好的冷却水道末端沉孔如图 6.67 所示。

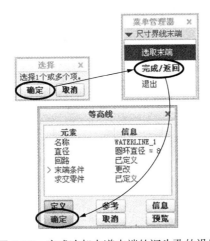

图 6.66　完成冷却水道末端的沉头孔的设置　　　　图 6.67　设置好冷却水道末端的沉孔

 思考与练习

　　1．简述注塑模具浇注系统的组成。

　　2．简述主流道的作用和 Creo 2.0 创建主流道的操作方法。

　　3．简述分流道的作用和 Creo 2.0 创建分流道的操作方法。

　　4．简述冷料井的类型和作用。

5. 简述浇口的类型和作用。

6. 简述冷却系统的作用。

7. 简述冷却系统的设计原则。

8. 简述 Creo 2.0 创建冷却水道的操作方法。

9. 打开模型文件中 "第 6 章 \ 思考与练习源文件 \ ex06-1.asm"，如图 6.68 所示。根据模具文件创建浇注系统和冷却系统,如图 6.69 所示。结果文件请参看模型文件中"第 6 章 \ 思考与练习结果文件 \ex06-1.asm"。

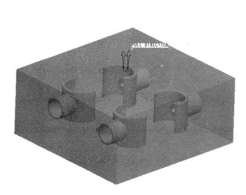
图 6.68

图 6.69

第7章

模具模架与EMX 8.0

模架是模具的重要组成部分，是模具成型部分的载体，在结构上能保证塑料的注入和产品的顶出。本章讲述标准模具的结构、标准和分类，重点介绍标准模架专家系统 EMX 8.0 的主要操作界面和 EMX 8.0 的常用操作功能。

模具模架

7.1　模具模架简介

7.1.1　模架概述

完成效果	模型文件 \ 第 7 章 \ 范例结果文件 \ 模具模架简介 \mid.asm
操作视频	操作视频 \ 第 7 章 \7.1.1　模架概述

模架是注塑模具的基本框架，作用就像是人体的骨架一样，通过模架将模具的各个部分有机地联系在一起。模架一般为标准件。国内的模具标准件生产厂家主要有：龙记（LKM）、明利（MINGLEE）、昌辉（CFM）等。国外的模具标准件生产厂家主要有：HASCO（德国）、DME（美国）、FUTABA（日本）。

标准模架一般由定模座板、定模板、动模板、垫块、动模座板、推板、推杆固定板、复位杆、导柱、导套、螺钉等组成。模架的基本结构如图 7.1 所示。

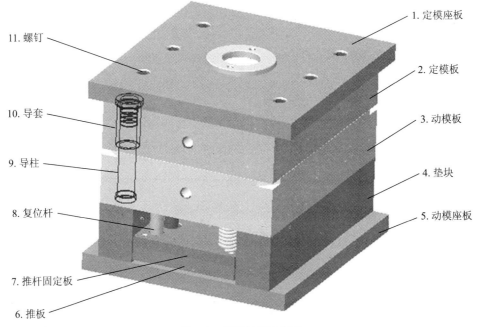

11. 螺钉　　10. 导套　　9. 导柱　　8. 复位杆　　7. 推杆固定板　　6. 推板

1. 定模座板　　2. 定模板　　3. 动模板　　4. 垫块　　5. 动模座板

图 7.1　模架的基本结构

7.1.2　模架的分类

模架是实现型腔和型芯的安装、顶出和分离的机构，其结构、形状及尺寸都已经标准化和系列化。

以塑料注射模为例，我国制定了模架的基本形式和标准，根据注射模的模架在模具中应用方式的不同，可分为直浇口和点浇口两种形式。

1. 直浇口模架

直浇口模架基本型分为 A 型、B 型、C 型和 D 型 4 种类型。

A 型：定模和动模均采用两块模板。

B 型 : 定模和动模均采用两块模板, 加装推件板。
C 型 : 定模采用两块模板, 动模采用一块模板。
D 型 : 定模采用两块模板, 动模采用一块模板, 加装推件板。

2. 点浇口模架

点浇口模架基本型分为 DA 型、DB 型、DC 型和 DD 型。点浇口类型是通过在对应的直浇口模架上加装推料板和拉杆导柱而得到的模架。

7.2　模架专家系统 EMX 8.0

7.2.1　EMX 8.0 简介

EMX 是 PTC 公司合作伙伴 BUW 公司的产品。Creo 2.0 模架设计专家扩展（EMX）是全球最成功的模具制造商青睐的解决方案。使用 EMX 能够使模具设计师直接调用模架公司的标准模架, 缩短模具设计开发周期, 节约成本, 减少工作量。

Creo 2.0 EMX 允许用户在熟悉的 2D 环境中创建模架布局, 并自动生成 3D 模型从而利用 3D 设计的优点。2D 过程驱动的图形用户界面引导设计者做出最佳的设计, 而且在模架设计过程中自动更新。设计者既可以从标准零件目录中选择标准零件（如 DME、HASCO、FUTABA 等著名厂商产品）, 也可以在自定义元件的目录中进行选择。由此得到的 3D 模型可在模具开模的过程中进行干涉检查, 自动生成工程图和 BOM 报表。

本书使用 EMX 8.0 版, 设计模架主要优点如下。

（1）快速选型及修改下列内容 : 模架及配件、选取顶针规格并自动切出相应的孔及沉孔、按预先定义的曲线设计冷却水道、系统预设 BOM 报表和零件工程图。

（2）开模功能。

（3）自动化配置 : 预设所有标准件名称、螺栓销钉自动安装、各类零件自动生成并归于相应的图层。

（4）进行干涉检查及开模仿真。

EMX 8.0 是一款功能强大的模架设计专家, 作为 Creo 2.0 的一个外挂模块, 安装后与 Creo 2.0 一起使用, 其菜单如图 7.2 所示。

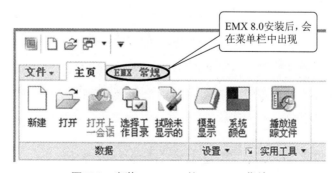

图 7.2　安装 EMX 8.0 的 Creo 2.0 菜单

7.2.2 EMX 8.0 的工作界面

素　　材	模型文件 \ 第 7 章 \ 范例结果文件 \ 模具文件 \mj.asm
操作视频	操作视频 \ 第 7 章 \7.2.2　EMX 8.0 的工作界面

系统启动以后，将显示加载 EMX 8.0 的 Creo 2.0 最初的工作界面，由于没有打开模架文件或新建项目，工作界面不显示模架元件。

新建项目或打开模架文件后，系统界面如图 7.3 所示。

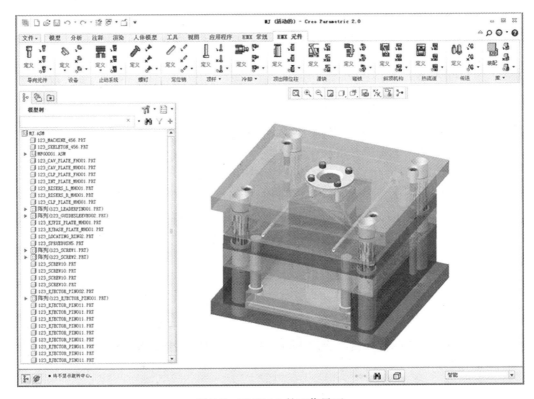

图 7.3　EMX 8.0 的工作界面

EMX 8.0 的工作界面在 Creo 2.0 的工作界面的基础上增加了 EMX 常规和 EMX 元件两个菜单栏，EMX 常规功能如图 7.4 所示。

图 7.4　EMX 常规的工具栏

EMX 元件菜单工具栏提供了 EMX 8.0 的全部功能按钮，所有的操作命令激活都可以使用，其功能介绍如图 7.5 所示。

7.2.3 使用 EMX 8.0 设计模具模架的一般流程

使用 EMX 8.0 设计模具模架的一般流程如图 7.6 所示。

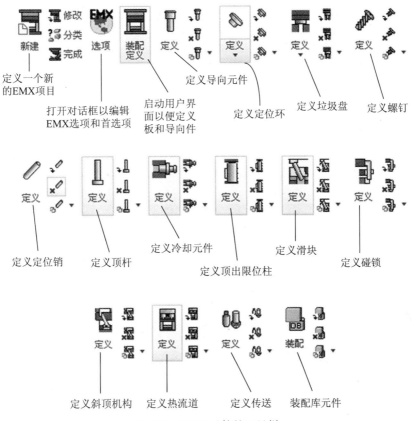

图 7.5　EMX 元件的工具栏

7.3　EMX 8.0 的常用操作

7.3.1　新建模架项目

完成效果	模型文件 \ 范例结果文件 \ EMX 8.0 常用操作 \mj-1.asm
操作视频	操作视频 \ 第 7 章 \7.3.1　新建模架项目

1. 选取命令

从菜单栏选择【EMX 常规】→【新建】按钮🗒，打开"项目"对话框，如图 7.7 所示。

2. 设置项目参数

在对话框中指定项目名称（如 MJ—1）、前缀、后缀、单位和项目类型等，单击 确定 按钮，完成 EMX 新建模架项目的创建工作，如图 7.8 所示。

7.3.2　修改模架项目

素　　材	模型文件 \ 范例结果文件 \ EMX 8.0 常用操作 \mj-1.asm
操作视频	操作视频 \ 第 7 章 \7.3.2　修改模架项目

从 EMX 常规工具栏中单击【修改】按钮🗒，如图 7.9 所示，打开"项目"对话框，

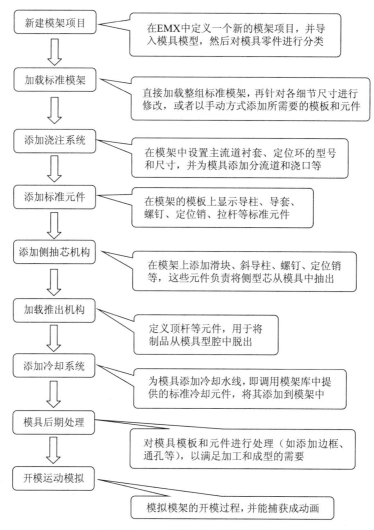

图 7.6　EMX 模架的一般设计流程

参考图 7.7 所示，可以对"项目"中的参数进行修改。

7.3.3　对模具元件分类

素　材	模型文件\第 7 章\范例源文件\mfg0001.asm
完成效果	模型文件\第 7 章\范例结果文件\EMX 8.0 常用操作\对模具元件分类\mj-1.asm
操作视频	操作视频\第 7 章\7.3.3　对模具元件分类

1. 装配模具文件

从"模型"工具栏中单击【组装】按钮 ，系统弹出"打开"对话框，选择"mfg0001. asm"，如图 7.10 所示。

单击 打开 按钮，系统关闭"打开"窗口，打开"元件放置"操控板，如图 7.11 所示。

选择【放置】，打开"放置"上滑板，在上滑板上选择约束类型为"默认"，如图 7.12 所示。单击操控板的 按钮，以默认方式装配"模具文件"。

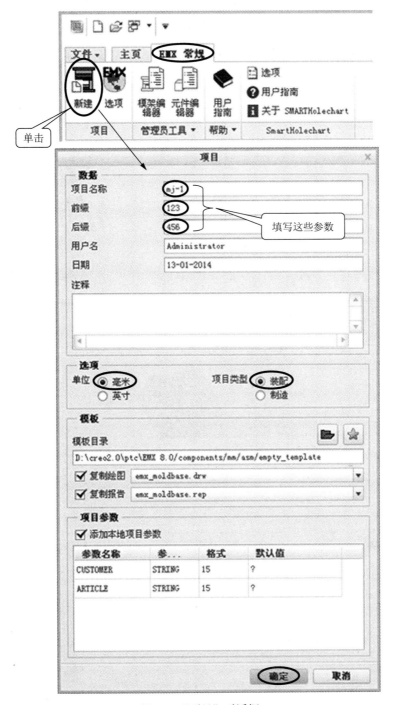

图 7.7 "项目"对话框

2. 对模具元件分类

在"EMX常规"工具栏中单击【分类】按钮，打开"分类"对话框，可以对装配好的模具文件中的各个模具元件进行分类。

分类操作如图 7.13 所示，在"模型类型"选项中用鼠标左键单击要分类元件，从打开的下拉列表中选取分类类型。

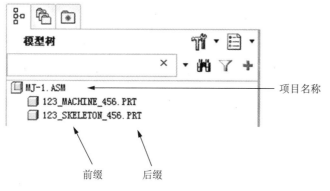

项目名称

前缀　　　后缀

图 7.8　新建 EMX 8.0 项目的工作界面

单击"修改项目参数"按钮

图 7.9　"修改项目参数"按钮

图 7.10　选择模具文件

图 7.11　"元件放置"操控板

图 7.12　选择约束类型

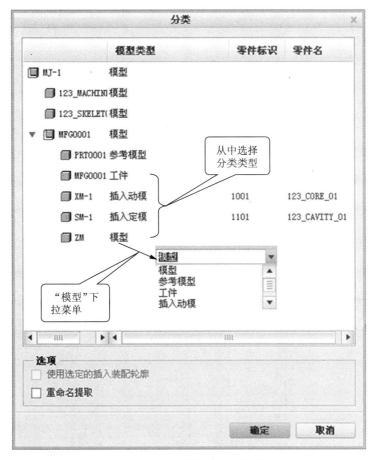

图 7.13 "分类"操作对话框

7.4 标准模架

7.4.1 加载标准模架

素　　材	模型文件\第7章\范例源文件\标准模架\mj-2.asm
完成效果	模型文件\第7章\范例结果文件\标准模架\mj-2.asm
操作视频	操作视频\第7章\7.4.1 加载标准模架

1. 选取命令

从"EMX常规"工具栏中单击【装配定义】按钮 ，打开"模架定义"对话框，如图7.14所示。

2. 选择标准模架的供应商和尺寸

Step01 在"模架定义"对话框中选择供应商和尺寸（例如选择供应商为"futaba_s"，尺寸为"200×400"），如图7.15所示。

Step02 在"模架定义"对话框中单击【从文件载入组件 定义】按钮 ，打开"载入EMX装配"对话框，选择模架类型（例如选择模架类型为SA-Type），如图7.16所示。

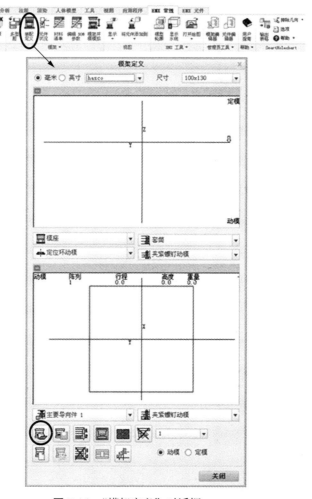

图 7.14 "模架定义"对话框

Step03 在"载入 EMX 装配"对话框中单击【从文件载入组件定义】按钮，在"模架定义"对话框中显示模架样式（图 7.15）。单击"载入 EMX 装配"对话框中 确定 按钮，再单击"模架定义"对话框中 关闭 按钮确定，完成加载标准模架的创建工作，加载好的标准模架如图 7.17 所示。

7.4.2 修改标准模架

素　　材	模型文件 \ 第 7 章 \ 范例结果文件 \ 标准模架 \mj-2.asm
操作视频	操作视频 \ 第 7 章 \7.4.2 修改标准模架

要对模架中的某个元件进行修改，从"EMX 常规"工具栏中单击【装配定义】按钮，打开"模架定义"对话框，如图 7.18 所示。

在"模架定义"对话框的模架预览区，用鼠标右键单击要修改的元件，元件显示为红色，同时打开修改模板参数对话框，如图 7.19 所示。

根据需要对模板参数进行修改，修改完毕，单击 确定 按钮，保存修改并关闭对话框。

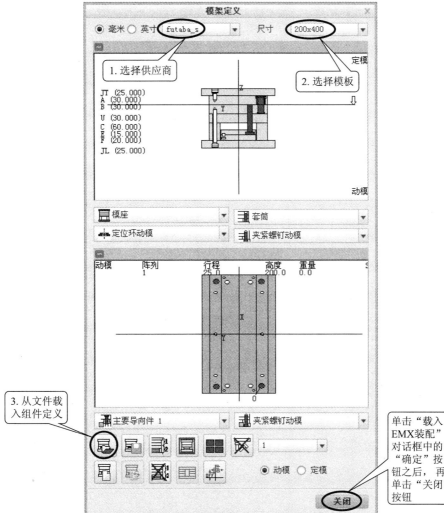

图 7.15 选择标准模架的供应商和尺寸

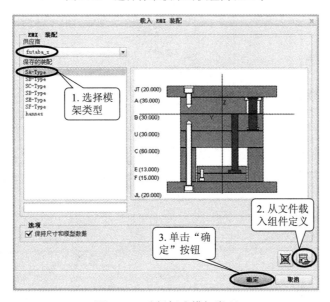

图 7.16 选择标准模架类型

图 7.17　加载好的标准模架

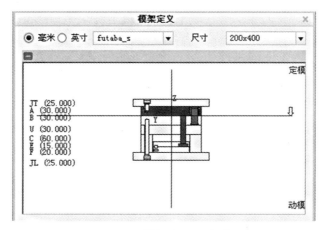

图 7.18　"模架定义"对话框

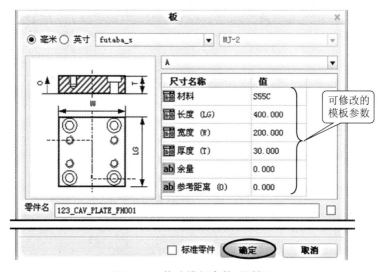

图 7.19　修改模板参数对话框

7.4.3　设置元件状态

素　　材	模型文件 \ 第 7 章 \ 范例结果文件 \ 标准模架 \mj-2.asm
操作视频	操作视频 \ 第 7 章 \7.4.3　设置元件状态

　　加载模架后，工作区只显示各块模板，其余细节元件（如螺钉、定位销、顶杆等）不显示。要显示细节元件，从 EMX 常规工具栏中单击【元件状况】按钮 ，打开"元件状况"对话框，如图 7.20 所示。

　　勾选要显示的元件类型即可，设置元件显示状态后，单击 确定 按钮，保存修改并关闭对话框。

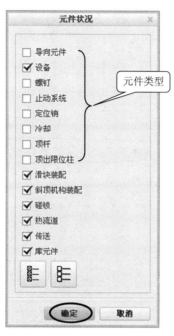

图 7.20　"元件状况"对话框

| 7.5 | 螺　钉 |

7.5.1　添加螺钉

素　　材	模型文件＼第 7 章＼范例结果文件＼标准模架＼mj-2.asm
完成效果	模型文件＼第 7 章＼范例结果文件＼螺钉＼mj-2.asm
操作视频	操作视频＼第 7 章＼7.5.1　添加螺钉

　　1. 选取命令

　　打开一个标准模架文件"第 7 章＼范例源文件＼标准模架＼mj-2.asm"，从"EMX 元件"工具栏中单击【定义螺钉】按钮 ，打开"螺钉"对话框，如图 7.21 所示。

　　2. 放置螺钉

　　要添加螺钉，首先选择螺钉型号，并定义螺钉的尺寸，然后对螺钉进行放置，其操作方法如下（图 7.21）。

　　Step01 在螺钉对话框中单击【（1）点｜轴】按钮，为螺钉选取一个基准点或轴作为放置参考（基准点可以在添加螺钉之前创建好）。

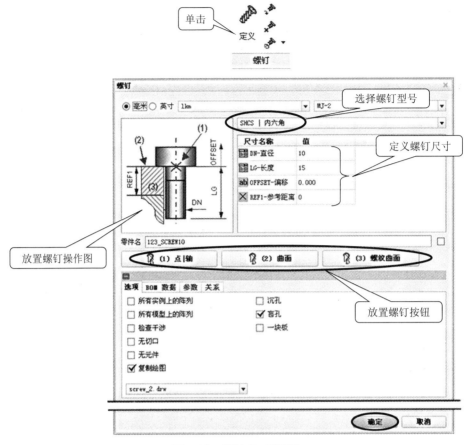

图 7.21　"螺钉"对话框

<u>Step02</u>　在螺钉对话框中单击【（2）曲面】按钮，为螺钉头选取放置平面。

<u>Step03</u>　在螺钉对话框中单击【（3）螺纹曲面】按钮，为螺纹曲面选取方向参考。

<u>Step04</u>　指定放置螺钉参数后，单击 **确定** 按钮，保存修改并关闭对话框，完成添加螺钉的创建工作。

7.5.2　修改与删除螺钉

素　　材	模型文件 \ 第 7 章 \ 范例结果文件 \ 螺钉 \mj-2.asm
操作视频	操作视频 \ 第 7 章 \7.5.2　修改与删除螺钉

从 "EMX 元件"工具栏中单击【修改螺钉】按钮 ，选取螺钉所在的参考点，打开 "螺钉"对话框，可以对螺钉进行修改。

从 "EMX 元件"工具栏中单击【删除螺钉】按钮 ，选取螺钉所在的参考点，打开 "EXM 问题"对话框，单击 **是** 按钮，可以将螺钉进行删除，如图 7.22 所示。

图 7.22　"EXM 问题"对话框

7.6 定位销

7.6.1　添加定位销

素　材	模型文件\第7章\范例结果文件\标准模架\mj-2.asm
操作视频	操作视频\第7章\7.6.1　添加定位销

1. 选取命令

从"EMX元件"工具栏中单击【定义定位销】按钮 ✐，打开"定位销"对话框，如图7.23所示。

2. 放置定位销

要添加定位销，首先选择定位销型号，并定义定位销的尺寸，然后对定位销进行放置，其操作方法如下（图7.23）。

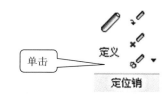

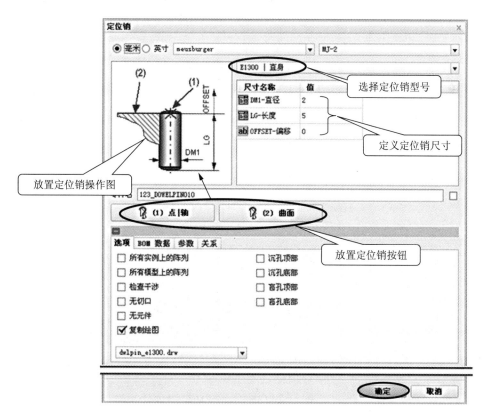

图7.23　"定位销"对话框

Step01　在定位销对话框中单击【（1）点 | 轴】按钮，为定位销选取一个基准点或轴作为放置参考（基准点可以在添加定位销之前创建好）。

Step02　在定位销对话框中单击【（2）曲 面】按钮，选取一个平面或曲面作为偏移参考。

Step03　指定放置定位销参数后，单击 ▇▇ 确定 ▇▇ 按钮，保存修改并关闭对话框，完成添加定位销的创建工作。

7.6.2　修改与删除定位销

素　　　材	模型文件 \ 第 7 章 \ 范例结果文件 \ 定位销 \mj-2.asm
操作视频	操作视频 \ 第 7 章 \7.6.2　修改与删除定位销

在"EMX 元件"工具栏中单击【修改定位销】按钮 ✎，选取定位销所在的参考点，打开"定位销"对话框，可以对定位销进行修改。

在"EMX 元件"工具栏中单击【删除定位销】按钮 ✗，选取定位销所在的参考点，打开"EXM 问题"对话框，单击 ▇▇ 是 ▇▇ 按钮，可以将定位销进行删除，如图 7.24 所示。

图 7.24　"EXM 问题"对话框

7.7　顶　杆

7.7.1　添加顶杆

素　　　材	模型文件 \ 第 7 章 \ 范例结果文件 \ 标准模架 \mj-2.asm
操作视频	操作视频 \ 第 7 章 \7.7.1　添加顶杆

1. 选取命令

在"EMX 元件"工具栏中单击【顶杆】按钮 ▯，打开"顶杆"对话框，如图 7.25 所示。

2. 放置顶杆

要添加螺钉，首先选择顶杆型号，并定义顶杆的尺寸，然后对顶杆进行放置，其操作方法如下（图 7.25）。

Step01　在顶杆对话框中单击【（1）点】按钮，为顶杆选取一个基准点（位于铸件上）作为放置参考（基准点可以在添加顶杆之前创建好）。

Step02　在顶杆对话框中单击【（2）曲 面】按钮，为顶杆头选取一个对齐平面（必须选取顶杆固定板的下表面，系统默认会自动选取），一般无需选取。

Step03　在顶杆对话框中单击【（3）方向曲面】按钮，为顶杆曲面选取方向参考，一般

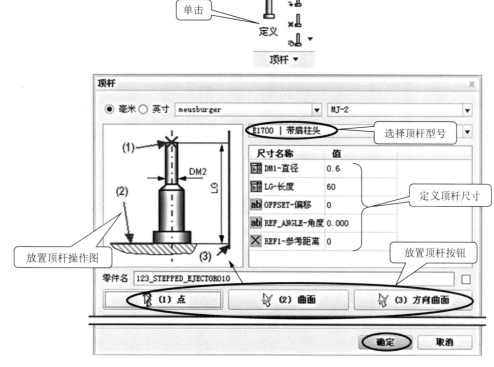

图 7.25 "顶杆"对话框

无需选取。

Step04 指定放置顶杆参数后，单击 [确定] 按钮，保存修改并关闭对话框，完成添加顶杆的创建工作。

7.7.2 修改与删除顶杆

素　　材	模型文件 \ 第 7 章 \ 范例结果文件 \ 顶杆 \mj-2.asm
操作视频	操作视频 \ 第 7 章 \7.7.2　修改与删除顶杆

在"EMX 元件"工具栏中单击【修改顶杆】按钮 ↘, 选取顶杆所在的参考点，打开"顶杆"对话框，可以对顶杆进行修改。

在"EMX 元件"工具栏中单击【删除顶杆】按钮 ✗, 选取顶杆所在的参考点，打开"EXM 问题"对话框，单击 [是] 按钮，可以将顶杆进行删除，如图 7.26 所示。

图 7.26 "EXM 问题"对话框

7.8 **冷却系统**

7.8.1　创建冷却水道特征曲线

素　　材	模型文件 \ 第 7 章 \ 范例结果文件 \ 标准模架 \mj-2.asm
完成效果	模型文件 \ 第 7 章 \ 范例结果文件 \ 创建冷却水道特征曲线 \mj-2.asm
操作视频	操作视频 \ 第 7 章 \7.8.1　创建冷却水道特征曲线

创建冷却水道特征曲线的方法如下。

1．草绘特征曲线

使用草绘工具创建特征曲线（参考零件模块创建草绘曲线的方法），这里不作介绍。

2．装配水线曲线

从"EMX 元件"菜单栏中选择【　冷却▼　】→【装配水线曲线】，打开"水线"对话框，如图 7.27 所示。

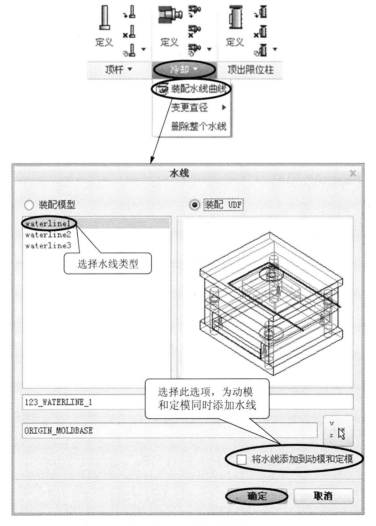

图 7.27　"水线"对话框

选择水线类型后，单击 [确定] 按钮，保存修改并关闭对话框，完成装配水线曲线工作。

3. 修改装配水线曲线

用鼠标左键双击装配好的水线曲线，图形上显示水线曲线数据，用鼠标左键双击数据进行修改，再单击工具栏【再生模型】按钮，完成装配水线曲线的修改工作，如图 7.28 所示。

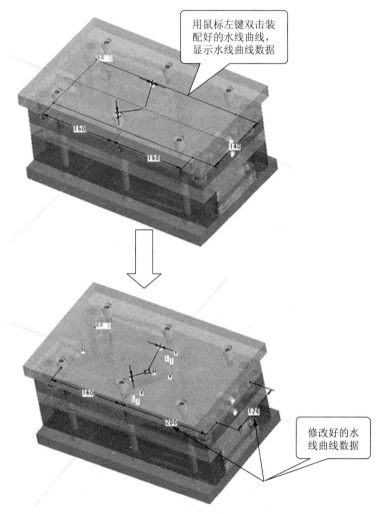

图 7.28 "装配水线曲线"修改操作

7.8.2 创建冷却系统

素 材	模型文件 \ 第 7 章 \ 范例结果文件 \ 创建冷却水道特征曲线 \mj-2.asm
完成效果	模型文件 \ 第 7 章 \ 范例结果文件 \ 创建冷却系统 \mj-2.asm
操作视频	操作视频 \ 第 7 章 \7.8.2 创建冷却系统

1. 选取命令

从"EMX 元件"工具栏中单击【定义冷却元件】按钮 ，打开"冷却元件"对话框，如图 7.29 所示。

2. 放置冷却元件

冷却系统由多个冷却元件组成，要创建冷却系统，首先选择冷却元件类型，并定义冷却元件的尺寸，然后对冷却元件进行放置，其操作方法如下（图 7.29）。

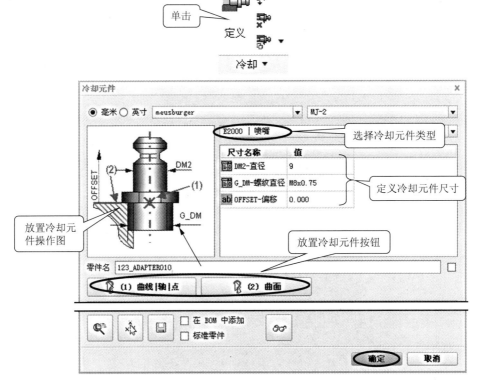

图 7.29　"冷却元件"对话框

Step01　在冷却元件对话框中单击【（1）曲线|轴|点】按钮，为冷却元件选取水路曲线（基准点可以在添加冷却元件之前创建好）。

Step02　在冷却元件对话框中单击【（2）曲面】按钮，为冷却元件选取开始钻孔面。

Step03　指定放置冷却元件参数后，单击 确定 按钮，保存修改并关闭对话框，完成冷却元件的创建工作。

经验交流

若要修改或删除冷却元件，则可以单击"EMX 元件"工具栏中的【修改冷却元件】按钮或【删除冷却元件】按钮，其操作方法与修改或删除螺钉、定位销、顶杆的操作方法类似。

7.9 顶出限位柱

7.9.1 创建顶出限位柱

素　　材	模型文件 \ 第 7 章 \ 范例结果文件 \ 标准模架 \mj-2.asm
完成效果	模型文件 \ 第 7 章 \ 范例结果文件 \ 创建顶出限位柱 \mj-2.asm
操作视频	操作视频 \ 第 7 章 \7.9.1　创建顶出限位柱

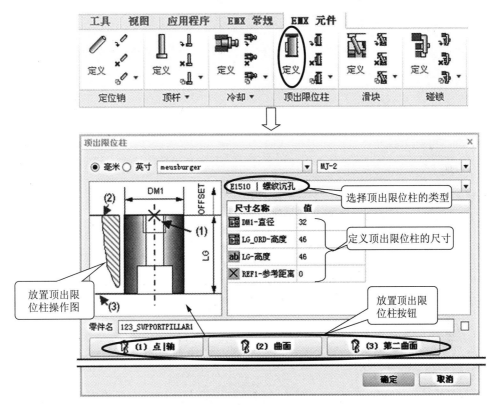

图 7.30　"顶出限位柱"对话框

1. 选取命令

从"EMX 元件"工具栏中单击【定义顶出限位柱】按钮 ，打开"顶出限位柱"对话框，如图 7.30 所示。

2. 放置顶出限位柱

要添加顶出限位柱，首先选择顶出限位柱的类型，并定义顶出限位柱的尺寸，然后对顶出限位柱进行放置，其操作方法如下（图 7.30）。

Step01 在"顶出限位柱"对话框中单击【（1）点 | 轴】按钮，为顶出限位柱选取一个基准点或轴作为放置参考（基准点可以在添加顶出限位柱之前创建好）。

Step02 在"顶出限位柱"对话框中单击【（2）曲面】按钮，为顶出限位柱选取一个放置平面。

Step03 在"顶出限位柱"对话框中单击【（3）第二曲面】按钮，为顶出限位柱选取第二个放置平面。

Step04　指定放置顶出限位柱的参数后，单击　■确定■　按钮，保存修改并关闭对话框，完成顶出限位柱的创建工作。

7.9.2　修改与删除顶出限位柱

素　　材	模型文件 \ 第 7 章 \ 范例结果文件 \ 创建顶出限位柱 \mj-2.asm
操作视频	操作视频 \ 第 7 章 \7.9.2　修改与删除顶出限位柱

若要修改或删除顶出限位柱，则可以单击"EMX 元件"工具栏中的【修改顶出限位柱】▥ 按钮或【删除顶出限位柱】▥ 按钮，对顶出限位柱进行修改与删除。

7.10　滑　块

7.10.1　创建滑块

素　　材	模型文件 \ 第 7 章 \ 范例结果文件 \ 标准模架 \mj-2.asm
完成效果	模型文件 \ 第 7 章 \ 范例结果文件 \ 创建滑块 \mj-2.asm
操作视频	操作视频 \ 第 7 章 \7.10.1　创建滑块

1. 选取命令

从 EMX 元件工具栏中单击【定义滑块】按钮▥，打开"滑块"对话框，如图 7.31 所示。

2. 放置滑块

要创建滑块，首先选择滑块的类型，并定义滑块机构的尺寸，然后放置滑块，其操作方法如下（图 7.31）。

Step01　在"滑块"对话框中单击【（1）坐标系】按钮，为滑块机构选取一个坐标系作为放置参考。

Step02　在"滑块"对话框中单击【（4）平面斜导柱】按钮，为滑块斜导柱选取一个顶平面。

Step03　在"滑块"对话框中单击【（5）分割平面】按钮，为滑块选取一个偏移分割平面。

Step04　指定放置滑块的参数后，单击　■确定■　按钮，保存修改并关闭对话框，完成滑块的创建工作。

7.10.2　修改与删除滑块

素　　材	模型文件 \ 第 7 章 \ 范例结果文件 \ 创建滑块 \mj-2.asm
操作视频	操作视频 \ 第 7 章 \7.10.2　修改与删除滑块

若要修改或删除滑块，则可以单击"EMX 元件"工具栏中的【修改滑块】▥ 按钮或【删除滑块】▥ 按钮，对滑块进行修改与删除。

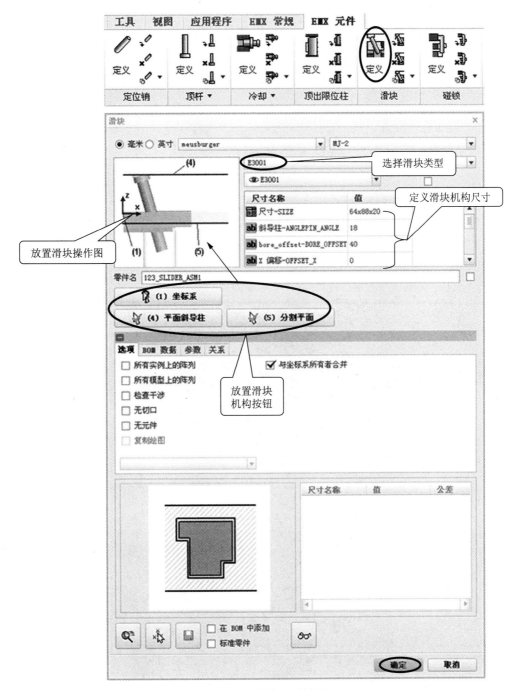

图 7.31　"滑块"对话框

学习方法总结

本章介绍了 EMX 8.0 设计模具模架的一般流程和常用的操作方法。重点介绍加载标准模架、螺钉、定位销、顶杆、冷却系统、顶出限位柱、滑块等常用标准元件的添加与修改方法。另外碰锁、斜顶机构、热流道、传送等标准元件的添加与修改与上面讲述的常用标准元件的添加与修改操作方法相似。这里不作介绍，将来读者在学习高级模具设计时可以进一步学习这些标准元件的操作方法。

思考与练习

1. 简述注塑模具标准模架的组成。

2. 简述直浇口模架的结构。

3. 简述点浇口模架的结构。

4. 简述模架的标准与分类方法。

5. 简述使用 EMX 8.0 设计模架的主要优点。

6. 简述加载标准模架的操作过程。

7. 简述 EMX 8.0 创建螺钉、定位销、顶杆、冷却系统、顶出限位柱和滑块的方法。

8. 打开模型文件中"第 7 章 \ 思考与练习源文件 \ ex07-1.asm"，如图 7.32 所示。根据模具文件创建标准模架，如图 7.33 所示。结果文件请参看模型文件中"第 7 章 \ 思考与练习结果文件 \ex07-2.asm"。

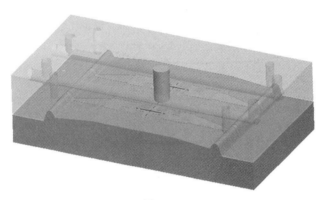

图 7.32

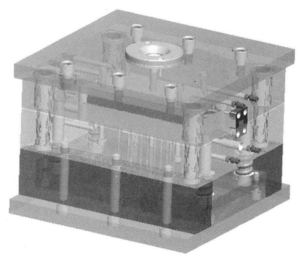

图 7.33

相关图书推荐

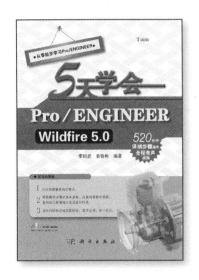

　　本书共分为 10 章，第 1 ～ 8 章分别介绍 Pro /ENGINEER 零件建模的设计思想、设计环境、基本操作方法与流程、绘制二维草绘、基础建模特征、高级建模特征和曲面特征等内容。第 9 章介绍零件装配的设计方法、装配约束类型和创建分解视图。第 10 章介绍工程图的设计方法与流程。

　　本书主要针对初学者，可以作为高等院校机械类相关专业的教材或自学参考书，以及相关领域工程技术人员的培训教材。

　　本书配套光盘中提供了各章节操作步骤的教学视频。书中实例的模型源文件和模型结果文件可从相关网站免费下载，以供读者学习和参考。

　　本书共 7 章，第 1 ～ 3 章分别介绍注塑模具设计的基本概念、设计环境、基本操作方法与流程，以及常用的注塑模具分模技术；第 4 ～ 7 章分别介绍推件板型、斜滑块型、螺纹型、综合型模具的设计案例及相关模具设计技术。

　　本书中的许多设计方法是作者特有的模具设计技术和经验总结，具有很强的专业性和实用性，初学者或经验丰富的设计人员都会从中受益。

　　本书可作为工科院校机械、模具等专业师生的教材或自学参考书，以及模具技术的培训教材。

　　本书的配套光盘提供了全部案例的模型源文件和模具设计结果文件，以及全部案例的视频资料，供读者学习和参考。

科 学 出 版 社

科龙图书读者意见反馈表

书　　名 _____

个人资料

姓　　名：_____　年　　龄：_____　联系电话：_____

专　　业：_____　学　　历：_____　所从事行业：_____

通信地址：_____　邮　编：_____

E-mail：_____

宝贵意见

◆ 您能接受的此类图书的定价

　　20 元以内□　　30 元以内□　　50 元以内□　　100 元以内□　　均可接受□

◆ 您购本书的主要原因有（可多选）

　　学习参考□　　教材□　　业务需要□　　其他_____

◆ 您认为本书需要改进的地方（或者您未来的需要）

_____

_____

◆ 您读过的好书（或者对您有帮助的图书）

_____

_____

◆ 您希望看到哪些方面的新图书

_____

_____

◆ 您对我社的其他建议

_____

_____

_____

　　谢谢您关注本书！您的建议和意见将成为我们进一步提高工作的重要参考。我社承诺对读者信息予以保密，仅用于图书质量改进和向读者快递新书信息工作。对于已经购买我社图书并回执本"科龙图书读者意见反馈表"的读者，我们将为您建立服务档案，并定期给您发送我社的出版资讯或目录；同时将定期抽取幸运读者，赠送我社出版的新书。如果您发现本书的内容有个别错误或纰漏，烦请另附勘误表。

回执地址：北京市朝阳区华严北里 11 号楼 3 层

　　　　　　科学出版社东方科龙图文有限公司电工电子编辑部（收）

　　　　　　邮编：100029